相信

BELIEVE

人生永远没有太晚的开始

李金水◎著

文化发展出版社
Cultural Development Press
·北京·

图书在版编目（CIP）数据

相信 / 李金水著. — 北京 ：文化发展出版社，2024.5

ISBN 978-7-5142-4326-0

Ⅰ.①相… Ⅱ.①李… Ⅲ.①成功心理－通俗读物 Ⅳ.①B848.4-49

中国国家版本馆CIP数据核字（2024）第064472号

相信

著　　者：李金水

出 版 人：宋　娜　　　　责任印制：杨　骏
责任编辑：孙豆豆　　　　责任校对：岳智勇
特约编辑：李慧泉　　　　封面设计：仙　境
出版发行：文化发展出版社（北京市翠微路2号　邮编：100036）
网　　址：www.wenhuafazhan.com
经　　销：全国新华书店
印　　刷：三河市刚利印务有限公司

开　　本：880mm × 1230mm　1/32
字　　数：193千字
印　　张：8
版　　次：2024年5月第1版
印　　次：2024年5月第1次印刷

定　　价：39.80元
I S B N：978-7-5142-4326-0

◆　如有印装质量问题，请电话联系：13321165353

前言

很多事情，就是在相信和不相信之间发生的。

因为相信，所以看见；

唯有相信，才有可能。

做人相信，所以善良；

做事相信，所以简单；

处世相信，所以靠近。

相信别人，就有机会；

别人相信，就有结果。

相信，允许一切发生；

相信，人生永远没有太晚的开始。

（一）

相信，在于自信，对自己有信心，充满自信力。

在秦朝末年风起云涌的大动乱时代，刘邦一枝独秀，慢慢做强做大。他一路上披荆斩棘，天下豪杰聚于他的麾下。秦始皇东巡时，刘邦看到他的气势，赞叹道："大丈夫就应该这样！"刘邦的成功总结起来就是自信，他反秦、灭项羽、建国立制，自命不凡。刘邦这种性格改变了他自己乃至历史的走向，他所建立的汉朝在历史上几乎无人能出其左右。

李白 42 岁时，在玉真公主和贺知章的推荐下，奉召入京受封翰林。伴随在唐玄宗左右，李白靠着天纵之才，"天子呼来不上船"；

借着月光饮酒，“花间一壶酒，独酌无相亲。举杯邀明月，对影成三人”。久处朝堂，李白觉得权贵庸俗，深宫不堪，“满庭皆是寂寞，天地写满孤独”。被赐金放还后，李白离开长安，回望浮华半生，写下了《将进酒》，“天生我材必有用，千金散尽还复来”。李白一生为人爽朗大方，乐于交友，爱好饮酒，所作诗词赋在文坛享有极为崇高的地位，后世誉为“诗仙”。

自信是人性各种要素中关键的一种，有了自信心便产生自信力。柏拉图说：“如果我们以信心去作战，那么我们就有双重装备，而可使其必胜必成。”自信激发生命潜能，可以产生神勇和神力，达到改变生命、改变世界、改变天地的奇迹。

（二）

相信，既相信自己，也相信别人。

春秋时，魏文侯攻打中山国，拜乐羊为大将军。乐羊足智多谋，只是他的儿子在中山国当大官。朝中大臣因此顾虑重重，担心乐羊徇私情、误国事。魏文侯坚信乐羊是一个有远见卓识的人才，告诉大臣说：“用人不疑，疑人不用。我既然拜乐羊为将军，就充分信任他。”后来，乐羊得胜还朝，魏文侯大加封赏，乐羊推辞不受，他说道：“如果没有主公的信任，我和将士们攻打中山是不会成功的。”

三国时，曹操主张唯才是举。他认为，天地间，人为贵。要建功立业，只有靠人的智慧和才能，“任天下之智力，以道御之，无所不可”。曹操重视人的才能，明令要求下属“各举所知，勿有所遗”，不拘一格选官用人。陈寿在《三国志》里说：“时之良将，五子为先。”“五子良将”就是指曹操手下的张辽、乐进、于禁、张郃、徐晃五人。五人中，只有乐进一直跟着曹操。其余四人：张辽曾跟随过丁原、董卓、吕布，之后在吕布死后，投靠曹操。于禁曾经是鲍信的手下，也是后来才投靠曹操。徐晃原本是杨奉的手下，后来也投靠曹操。而张郃，曾经在韩馥、袁绍那里做过事，官渡之战时投靠了曹操。即便这四人曾在战场上与自己是对手，归顺后，曹操对他们充分信任，委以重要军职。可以说，曹操成就了“五子良将”，反过来，“五子良将”也成就了曹操。

《资治通鉴》中说：“丈夫一言许人，千金不易。”国防大学金一南教授说：“我判断一个人，没有优点缺点，只有特点。在特定情况下，他的特点就变成优点或者缺点。所以说，人不要着力去想怎么克服自己的缺点，最主要的是去想怎么发挥自己的优点，想想长处在哪里，怎么把长处发挥到极致。”

与人相处也一样，要激发他人的善意，让他人把长处发挥到极致，从而获得双赢。

（三）

相信，还在互信。

相信向另一面发展，就是建立“互信”“共信”。简言之，就是“立信”。立信于事，立信于人，立信于天下。

《春秋穀梁传 · 僖公五年》中说：“盟者，不相信也，故谨信也。不敢以所不信而加之尊者。”意思是：结盟，是因为互相不守信才慎重地签盟约束盟者守信。所以不敢让这种出于不信任的事加到尊者头上。

《礼运》中说：“体现诚信，亲近信赖。”《易经》中说：“笃守信用，思念和顺。”言顾行，行顾言，这是相信；政出必行，令出必行，这是相信；赏罚必行，不避开亲贵显要，不遗漏微贱卑小，这是相信。

有一次，子贡向孔子请教治理国家的办法。孔子说：“备足粮食，充足军备，百姓就相信政府了。”

足食，民生至上；足兵，国防至上；民信之，立信至上。这三条，是为政根本。

子贡又问：“如果迫不得已要去掉一项，三项中先去掉哪一项？”孔子说：“去掉军备。”

子贡又问：“如果迫不得已还要去掉一项，在这两项中先去掉哪一项？”孔子说：“去掉充足的食物。自古以来谁都会死，但如果百姓不相信，就无法立足。”

去兵、去食、可死，都不轻易改变信任，这里看出孔子对“相信”的重视。

孔子又说：“人若不相信，真不知道他怎么可以行得通。就好像大车没有輗、小车没有軏，怎么能行驶呢？”做人做事言有道，行有礼，言必信，行必果，则无人不信，无事不成。

（四）

相信成就一切。大信大成，小信小成，难信难成，不信不成。

林肯说：“喷泉的高度不会超过它的源头；一个人的事业也是这样，他的成就绝不会超过他自己的信念。”

一位作家在北大中文系一次毕业典礼上致辞：

“我唯一的害怕，是你们已经不相信了——不相信规则能战胜潜规则，不相信学场有别于官场，不相信学术不等于权术，不相信风骨远胜于媚骨。”

人生是一场修行，“见天地、见众生、见自我”，选择相信才会有开始的机会。

李金水

2024年龙年春节于北京朝阳北路

目录

心　法：开启内在改变的原动力

做 法：如何从平凡到优秀

心　法：

开启内在改变的原动力

心法，即心得、方法。

人活一世，与人打交道，

与自己打交道，都需要心法。

心法是一种手段，是一种方式，

更是一种开启内在改变的原动力。

稻盛和夫曾经说过：

不管眼前的状况多么严酷，

既不能怨恨，也不能屈服，

而是要一以贯之地积极应对，

这才是实现幸福人生的秘诀。

> 好看的皮囊千篇一律，
> 有趣的灵魂万里挑一。

一　自我：活出心花怒放的人生

一个人来到这个世界上，有两件事不能依靠别人，只能自己去完成：一是好好做人；二是活成自己想要的样子。

孔子说：“君子专心致力于事物的根本，根本建立了，治国做人的原则就有了。”

《易经》中说：“正确认识事物的本源，才能把事物理解、治理得清楚、完善。开始稍微有一点差错，结果会造成巨大的谬误。”

自我，是为人的根本；道德，是事业的根本。

一个人如果以自己全部生命和全部力量，用风驰电掣的速度奔赴纷纭万变、不可预知的未来，冲破天赋的桎梏和智慧的极限构建起来的坚固堤防，首先要活成一个顶天立地的强人，活成一支千军万马的队伍。

前人说的“内圣外王、修己治人”和“己立立人、己达达人”就是这个意思。

五千年来，己未立而能立人，己未达而能达人，从来没有过；自身不强大，而能创造一个世纪一个时代的历史者，更没有过。

事业的基础，根本上由自身的充实和外界有利的条件结合而成，而这种生命的充实和有利的条件，就是修养。

1. 成年人的世界，没有容易二字

不想当将军的士兵，算不得好士兵。梦想不在大，小梦想也可以绽放光芒。

每个人在生命的终点，总要实现一个目标，完成一个任务，都希望自己成功，获得成就，才算不枉来人间一趟。

《左传》称立德、立功、立言为“三不朽”，这三不朽的事业，人人都有可能做到。所以孟子说：“尧舜和普通人没有任何不同。”

成年人的世界，没有容易二字。最怕一生碌碌无为，还安慰自己平凡可贵。

一个人是成为庸人、成为盗贼，还是成为君子、成为圣人，要么与草木同朽，要么与日月同光，其结果存在天壤之别，就看有没有修养，修养的功夫如何。

百炼成钢绕指柔。想要充实人生、提高境界，就要依靠锻炼、依靠修养、依靠功夫。

如同纯金美玉一般的人格品行，大多要经历烈火煅烧般的磨砺；想要建立轰轰烈烈的奇功伟业，难免要经历如履薄冰的考验，既要吃得了常人吃不了的苦，又要有常人不一定具备的细心和耐力。

大凡人的立身根本，就是要能够经受逆境中的各种考验和历练，打造非凡的意志、品质和能力。外界环境的打击与磨难，会让人失去很多东西，只要坚强不屈，就有可能美梦成真、心想事成。

梦想还是要有的，万一实现了呢？

每一个成功的人走过的都不完全是坦途，诸如职场失意、竞争败北、工作失误、晋升不顺等等，都有可能一一经历。

对于成就大功大业的人来说，不幸和挫折磨掉人性中不成熟、不坚强的部分，锻铸心灵的韧度，在艰难困苦中享受最大的乐趣。经常受挫折、被抛弃、遭践踏，久而久之就会学着慢慢疗伤、止痛，从而得到提升、获得超越。

人不怕经历痛苦，就怕丢掉坚强；人不怕遭受磨难，就怕放弃希望。上天赋予人的资质，只是一块材料，这块材料是成为雕梁画栋，还是成为茅舍土屋，关键在于你是否用心去做、用力去做。

自强的人，上天不能使他沉沦；自立的人，上天不能使他倒下；自达的人，上天不能使他贫穷。这正如人们常说的："功可强成，名可强立，德可强修，圣可强至。"

2. 修养是为人的根本

乾坤未定，你我皆是黑马。活成一束光，明亮自己，也温暖他人。

做人，做是修养，是功夫。做一天人，就不可一天不讲修养。只要还有一口气在，功夫就不能有半点松懈。讲修养，就有程度，就有境界。修养的程度不同，境界也就有高低。

因此，我们身边就有小人境界、凡夫境界、高人境界、君子境界、英雄境界、圣人境界、天地境界等说法。

人之所以不是禽兽，关键在于人有修养，因修养达到各种境界，而禽兽就无法做到。

人能借修养增强自己的能力，提升自己的人格精神，而禽兽就无法做到。

人能借修养充实自然生命，扩大人生的意义与价值，而禽兽就无法做到。

人能借修养让自己对人生有了解，对世界有贡献，而禽兽就无法做到。

人除了肉体的生死、自然的生死外，还有精神的生死、灵魂的生死；除了肉体的生命、自然的生命外，还有心灵的生命、历史的生命，而禽兽就无法做到。

老子说“死而不亡者寿”，世人说“精神不死”，其中的死而不死，死而与天地同在，与宇宙同行，全在修养。

人之所以是人，在于能尽一己之力，对别人有帮助、对团队有帮助、对家庭有帮助、对国家有帮助、对世界有帮助、对后世有帮助。除此之外，不值一提。

修养的途径很多，从心性上理解，靠的是学问；从行为上规范，靠的是道德；从事业上成就，靠的是才气。

学问充实人的智慧，时间长了，人就变得高明；道德涵养人的品质，时间长了，人就变得博大；才气帮助人的生活，时间长了，人就变得悠远。高明配天，博大配地，悠远无疆。

锲而不舍，精进不已，就会完成一切、涵盖一切、超越一切，进入豪杰境界、圣人境界、天地境界。

学问、道德、才气来自修养。只有修养可以改变气质，只有修养可以提高人格，只有修养可以完成事业，只有修养可以光辉人性。

修养是人所以为人的根本，修养是英雄之所以为英雄的根本，修养是圣人之所以为圣人的根本。所以说：“不论圣人还是凡夫，都是以修养为根本。”

3. 立德、立功、立言

别把这世界让给你所鄙视的人。

曾国藩作为晚清重臣，其一生经历颇多，对为官和为人有着自己的看法，他认为，为人为官有四大忌，也就是四败：昏惰任下者败，傲狠妄为者败，贪鄙无忌者败，反复多诈者败。曾国藩把这“四败”写在案头上，每天都提醒自己。

在另一个地方，曾国藩又说，自古以来凶德致败者大约有二端：一是傲慢，一是多言。他总结历史的经验说：“我看历代的那些著名的大官，大多数都是因为这两点而败家丧身的。”不管是居官四败也好，还是二败也好，其实都有一个核心，这就是：为官者之所以身败名裂，往往是由于不知道顾忌。

曾国藩曾经说自己有“三畏”：畏天命、畏人言、畏君父。曾国藩一生，始终是在如履薄冰、如临深渊这样的心境中度过的。

道光二十五年五月，曾国藩升了官，他在给弟弟的家书中表示，不但不敢高兴，反而感到战战兢兢。他说：“这次升官，实在是出乎我的意料。我日夜诚惶诚恐，自我反省，实在是无德足以承受。你们远隔数千里之外，一定匡正我的过失，时时寄信来指出我的不足，务必使累世积累下的阴德不要自我这里堕落。弟弟们也应当常存敬畏之心，不要以为家里有人当官，于是就敢欺负别人；不要以为自己有点学问，于是就敢于恃才傲物。常存敬畏之心，才是惜福之道。”

功利主义兴起，而世风日坏；物质文明昌盛，而道德日衰。利令智昏，欲令神迷。在物上竞争就会丢失道，在名上竞争就会丢失德，纵欲害仁，逐利亡义。

道德泯灭，仁义断绝，身形就无法得到端正，心灵就无法得到修养，事业就没有不被废弃的，国家就没有不发生动乱的。

孔子说：“君子懂得的是道义，小人懂得的是利益。”

置身于功利世界、物质世界，举世滔滔，能做到“明其道而不计其功，正其义而不谋其利”，免于自己成为小人，又有多少？

左丘明说：“最上等的是立德——树立德业，次一等的是立功——建立功勋，再次一等的是立言——著书立说。这三者不会因为时代久远了而湮灭，这就是我们所说的不朽。”

三不朽中，第一是德行，贯彻始终的也是德行。

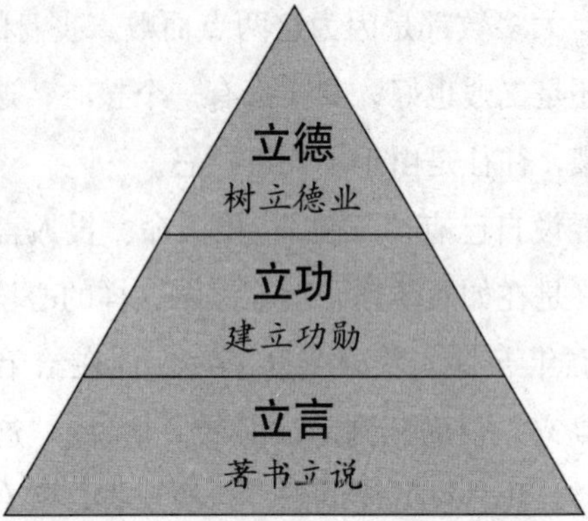

人生三不朽

德行不树立，功绩与言论便失去了依据。功盖天下而没有德行，这样的人一定是奸雄；言冠古今而没有德行，这样的人必定是狂徒。只有德行弥漫宇宙，即使功绩与言论不显，也可以进入圣人的境界。

英雄豪杰之人，虽然以完成他们的功绩为主要目标，但如果能立德自正，因德化世，那一切只在举手投足之间，往往什么都不做却能立功，什么都不说却能成事。

要做到：别和坏人比坏，坏是没有下限的。要明白：别和傻瓜比傻，傻是会传染的。要坚持：做一个赏心悦目的人，一直嘴巴干净，永远良心清白。

▶ 相信的力量

生气，说明不够大度；
郁闷，说明不够豁达；
焦虑，说明不够从容；
悲伤，说明不够坚强；
惆怅，说明不够阳光；
嫉妒，说明不够优秀。
生活总有阴晴雨雪，
人生不如意事常八九，
别让生活耗尽你的美好，
年少不负韶华，年长不忘初心。

“常与同好争高下，
不与傻瓜论短长。

二 做人：突破认知的局限

功不唐捐，玉汝于成。

不管头脑有多精，学历有多高，背景有多硬，条件有多好，资本有多厚，不懂得做人，结果肯定是失望。最初的背景，最后也不过是背影。

做人，不但是难事，也是艺术。从一个普普通通、平平凡凡的人，做到不普通、不平凡，做到超凡脱俗，做到极致、最高标准、最高艺术境界。这个极致、最高标准、最高艺术境界，释家称为“佛”，道家称为“仙”，儒家称为“圣”。

不管是成为圣哲，还是成为贤人；不管是成为佛祖，还是成为神仙；不管是成为英雄，还是成为豪杰，都要从点点滴滴做起，都要从普普通通做起，都要从平平凡凡做起。

1. 做人的艺术

人要走，马要放。千日造船，一日过江。路在人走，事在人为。

做人，怎样做是技术，怎样做好是艺术，怎样做到真正的自我，使“我”所塑造的这个“我”，成为一个受人尊敬的人，更是至高无上的艺术。

一个人从最低处攀爬到最高处的顶点，也是由他这个有限的生命创造成一个无限的生命，总要靠我们脚踏实地一点点做，一步步走。正如明朝教育家王阳明说的：“不离日用常行内，直造先天未画前。”

不论是贤哲君子、英雄豪杰，还是仙佛圣人，都脱离不了日常生活，都无法远离人间烟火气。在没有定论之前，丝毫不能疏忽大意。

只要还活着，就要做人。这就是古人称立德、立功、立言“三不朽”中立德最难，也就是做人最难。

无论是凡夫，还是君子，只要愿意，都可以创造奇迹，都可以改变世界。

就资质才能来说，大多数人都是一样的。就人的修持功夫来说，却因各人的修为而有所差异。

用功不用功，是一回事；用功的程度如何，则是另一回事。因用功有力度的深浅、时间的长短之分，所以成功也有大小、高下之别。功夫到，则无所不到；无处不到，则火到饭熟、水到渠成。所以孔子说：“仁德难道离我们很远吗？我需要仁德，那仁德就来了。”

需要就做，不需要就不做。这里的需要包含在“为”字里面。去做就得到，不做就失去。我们要成为一个怎样的人，要成就一个怎样的我，完全在于我们自己去做。

一个人有了才干和能力，至于任用还是不用，搬砖还是躺平，都不那么重要了。得大用时就大用，该藏身时就藏身。能这样做，就会进退自如、卷舒自如，无处而不自由、无处而不自在。高高山顶立，深深海底行，海阔天空，自在逍遥自在游。

就像陆游诗中说的：“绝世本来希独立，刺天不复计群飞。”人生海海，劈浪前行。心之所向，定可以找到自己的人生道路。

2. 做一个自己喜欢的人

人生没有标准答案。心有欢喜，万事可期。

这世界很好，你也不差；这世界很烦，你却很可爱。

做人，要有理想的目标。一个没有崇高理想的人生，没有深深向往的人生，与鸟兽鱼虫禽没两样。

尧舜，是人；孔子，是人；孟子，是人；老子，是人；庄子，是人。

周文王，是人；秦始皇，是人；汉武帝，是人；唐太宗，是人；成吉思汗，是人。

彼得大帝，是人；华盛顿，是人；林肯，是人；拿破仑，是人；伊丽莎白一世，是人。

福特，是人；洛克菲勒，是人；乔布斯，是人；巴菲特，是人；稻盛和夫，是人。

他们的一举一动，一言一行，普通人也能做到。不能做到的，不是不能，而是不做；不是缺少才气资质，而是甘愿自暴自弃。

不论挑战是什么，希望你觉得自己的人生不受限制。开始一段旅程时，先思考一下你为自己的人生，或者别人替你的人生加上的限制。现在再想想，如果没有这些限制会怎样？如果任何事都是可能的，那么，人生会怎样？

有些人总认为自己不够有智慧、不够有魅力、不够有天分，因此无法追寻梦想。别人怎么讲就怎么相信，要不然就是自我设限太多。

你有选择，我有选择。我们可以选择对那些令人失望与不足之处念念不忘，可以选择苦涩、愤怒或悲哀；或者，在面对艰难时刻和那些对我们心怀恶意的人时，我们可以选择从经验中学习，然后继续向前走，对自己的快乐负责。

人生是美好且珍贵的，比这世上的宝玉钻石更有价值。你我都是照着我们该有的样子完美成形，不过我们的人生目标应该是不断努力成为更好的人，并借着更远大的梦想扩张自己的界限。

这一路上有许多需要调整的地方，毕竟人生不是一直鲜花盛开，偶尔也会荆棘丛生，但活着永远是值得的。

既然踏上了生活的道路，那就做个快乐的行路人。做一个自己喜欢的人，保持热爱，奔赴山海。唯有热爱，可抵岁月漫长。

无论环境如何，只要还活着，就能做出成绩。无论人生看起来多么灰暗，希望永远存在；就算情况似乎很糟糕，前方还是会有好日子；无论环境有多险峻，总能超越这些艰险。

期待改变并不能带来改变，下定决心，此刻就采取行动，才能改变一切。

万事互相效力，一切最终会有好结果。认识自己的价值很重要。

如果此刻觉得沮丧，那么很好，因为沮丧感代表你想要一个比现状更丰富的人生。这很好，通常生命中的挑战会让我们更明白自己真正应该成为一个什么样的人。

3. 生命觉醒的原动力

聪明的极致是靠谱，容貌的极致是自然。

这个世界最根本的问题不是世界本身的问题，而是世人内心这个根源的问题。

不是每个人都有机会成为名人，但每个人都可以成为一个平凡而伟大的人。就做人来说，心是主宰。丢失了这个主宰，也就是丢失了这颗心。主宰在我不在人，心在内不在外。

人生有两条道路，一条是向内走的路，一条是向外走的路。换句话说，一个是向内发展的人生，一个是向外发展的人生。

东方圣人教导世人尽量向内发展，西方圣人教导世人尽量向外发展。这两种哲学发展的结果，前者产生精神境界、理性境界、道德境界，于是看到的是一片天理；后者产生科学文明、工业文明、技术文明，于是看到的是一片物质。

朱熹说：“圣贤千言万语，只是教人明天理，灭人欲。”

生命觉醒的原动力，是在生命自身以内——天理，不是在生命自身以外——物质。

生命觉醒的原动力

美国宇航员阿姆斯特朗扶着登月舱的阶梯踏上月球，他在太空中说：“这是个人迈出的一小步，却是人类迈出的一大步。”

人类从石器时代、红铜时代、青铜时代，历经铁器时代、黑暗时代、启蒙时代，一直发展到蒸汽时代、电气时代、原子时代，今天更是发展到信息时代、网络时代、AI 智能时代。

不管你是谁，不论你是什么身份，都需要记住，你永远是人类。卓别林说过：“我们人类本都是想帮助其他人，我们都想生活在彼此的幸福而非悲惨中，我们不愿憎恨或蔑视他人。”

我们的作为，便是人类的作为；我们的成就，便是人类的成就。

周国平说：“人在世上生活，必须做选择和决定，也会遭遇疑惑、困难、挫折，皆需要力量的支持。在一切力量中，最不可缺少一种内在的力量，就是觉醒。觉醒是人人可以开发和拥有的力量，也是人生最根本和最重要的力量。那些外在的力量，如来自社会和朋友的帮助，若没有内在力量的配合，最多只能发生暂时的表面作用。那些外在的力量，如你已经获得的权力、金钱、名声、地位，也许可以使你活得风光，但唯有内在的力量才能使你活得有意义。”

最需要珍惜的时刻，无非是天真的童年、激情的青年、拼搏的中年、祥和的老年。

能完全掌握在自己手中的日子，也就短短的几十年，从懂事开始，就要经历拼搏，打拼人生，后面的路才能走好。

还没长大就老了。活着不是为面子、不是为别人、不是为金钱、不是为物质，是为了自己。

只有自己充实了、开心了，那么到终老时刻，才不会带着遗憾走入尘土，这一生才没有白过。

4. 透、真、雅、淡、重、化

此心光明，万事可成。

谋大事者，藏于心，行于事。春风得意时布好局，方能四面楚歌时有退路。做人要心中有佛，手里有刀，既能上马杀敌，也能下马念经。菩萨心肠对人，金刚手段对事。走心时不留余力，拔刀时不留余地。

人总要在社会上生存，在社会上生存，想做到不食人间烟火，太难了。然而，方法总比困难多。解决这个困难，可以从透、真、雅、淡、重、化等几个字做起。

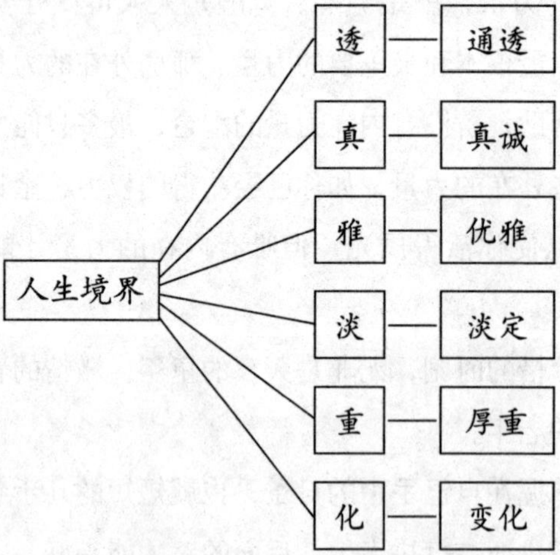

人生境界

透

透，就是通透。韩愈《南山诗》中说："蒸岚相澒洞，表里忽通透。"

通透是什么？有个高赞回答：通透，就是拥有清醒理智的心态，善于选择自己的道路，善于接纳别人的观点，善于适应当下的处境，随遇而安。

林语堂说，人生几乎是像一首诗，有韵律和拍子，它开始是天真朴实的童年，然后便是粗拙的青春。带着青年的热情和愚憨，理想和野心，达到一个活动较剧烈的成年时期。到了中年，性格圆熟了，像水果的成熟或好酒的醇熟一样，对于人生，渐抱一种较宽容，较玩世，同时也较温和的态度。

随着岁月的增长，曾经那些不可理解、不能原谅的，都随时间和解了；曾经那些纠结不已的、紧攥不放的，都在看开后松手了；曾经那些激烈决绝的、不撞南墙不回头的，也被经历镀上了一层柔光。

活得通透的人，不管身处哪种境地，都积极适应，既看得开，也不矫情，哪怕是凡俗小事，也能体会其间美好。

真

小孩子，清澈明朗又理直气壮，口无遮拦又从心而言，许多成人世界的忧愁烦恼，常常被孩子的一句话就破防了。这倒不是因为他们有多智慧，而是因为成人忘了如何简单。

我们整天忙忙碌碌，像一群群没有灵魂的苍蝇，喧闹着，躁动着，听不到灵魂深处的声音。时光流逝，童年远去，我们渐渐长大，岁月带走了许许多多的回忆，也侵蚀了心底曾经拥有的那份纯真，我们不顾心灵桎梏，沉溺于人世浮华，专注于利益法则，我们把“真”弄丢了。

真，就是真诚、真实的意思。一个真字，可以击穿天下的虚伪，可以充实天下的虚无。真于言、真于情、真于心、真于神。不做作，自然而然，本来这样，就是这样。真，不但可以破除世俗的伪装，还能保有其天机，留存其天真，流行其天趣。

修行也称修真，就是修出自己的一颗真心。谁人无真心？一转就非真。谁人无真意？一杂就失去。谁人无真情？一偏就忘记。初心为真，变幻即为假心；开始之意为真，计较即为假意。至情为真，索取便成私心。

所谓初心，就是固有之心。凡俗之人，动则私念迭起，私欲不绝，或全无真意，或半真半假。无论走多远、爬多高，到最后，生命仍然被虚光笼罩，一切都显得那么的苍白和浅薄。

孟子说：“存其赤子之心。”老子说：“能如婴儿乎？”佛祖说：“不忘初心，方得始终。”

历经万般红尘，犹如凉风轻拂面。胜固欣然，败亦可喜，没有永远的胜，固然也没有永远的失败，风水轮流转，想要的都在来的路上。

雅

雅：优雅，淡雅，雅致，美好，高尚，不粗俗。

一个雅字，能破除天下的俗气，能医治天下的陋习。雅于言、雅于行、雅于事、雅于量。洒脱飘逸，自可风度翩翩，不同凡响，令人向往。

俗是凡人泥胎，雅是圣人风骨。雅，不但能葆有先天神采，还能医治天下凡俗，更能达到和风庆云的气象。

汪国真说：“美，首先征服人的感官，然后才是人心；优雅，首先征服人心，然后才是人的感官。”雅，不只一衣一物，还显现在身材、仪态，甚至气质、味道。

爱一个人，始于颜值，忠于人品。正所谓，风雅添神采，清高远尘俗。

心态，就是状态。心态好，人生自然会好。人生中，要想成为优雅的人，就要有一颗优雅的心。优雅，是一种温柔的力量，当你活得优雅时，就可以拥有自在的生活。

淡

淡，包含淡泊、淡定、平淡、恬淡。平淡人生，人淡如菊，心淡如水。

一个淡字可以破除贪念，整治平凡。淡于名、淡于利、淡于情、淡于得。能淡泊，能宁静，能超脱，自然不即不离，不偏不倚，达到清明高远的气象。

淡定是一种追求，是一种境界。淡定的人生不是“风萧萧兮易水寒，壮士一去兮不复返”那般悲壮，而是“梅须逊雪三分白，雪却输梅一段香”那般孤傲。

人生无常，输赢得失都只是暂时的，淡定从容，张弛有度是一种品格，一种境界，一种雍容大度，超然物外的大智慧。

诸葛亮说，“淡泊以明志，宁静以致远”；庄子说，“君子之交淡如水”。淡定的人生，虽无谓得失，淡泊名利，但应有“大济苍生”的壮志，“穷则独善其身，达则兼济天下”的精彩。

重

重，有厚重、庄重的意思。古人从小教导孩子：“一切言动，都要安详，十差九错，只为慌张。”《弟子规》中说：“事勿忙，忙多错。”《礼记·玉藻》中也说：“足容重，手容恭，目容端，口容止，声容静，头容直，气容肃，立容德，色容庄。”

一个重字可以打破天下的轻浮，可以治理天下的机巧。重于身、重于神、重于相、重于态。厚则不薄，重则不浮。一厚重就笃实，一笃实就光辉，一光辉就久远。

咸丰八年（公元1858年），曾国藩在日记中写道：“端庄厚重是贵相，谦卑含容是贵相，事有归着是富相，心存济物是富相。”

一个人沉稳厚重、谦卑包容、有始有终、心存善良，才是真正的富贵之相。这样的人作为领导让人信赖，作为朋友让人放心。

老子说：“重为轻根，静为躁君。”沉稳厚重的人举止不轻浮，做事不急躁。外在的庄重，是一个人内心的端庄。

佛家常说“法相庄严”，不厚重就不庄严。君子不重则不威，不厚则不厉。能厚重笃实，就能达到“泰山岩岩”的气象。

化

化，变化、转化。春风化雨，潜移默化。

化是一种功夫，化是一种动力。化是主动的，化是向上提升的。化是属于智慧和德性的，化可以改变命运的意义。

百尺竿头须进步，十方世界是全身。一个化字可以破除执着，清净污浊。化于理、化于神、化于道、化于德。

《易经 · 恒卦》中说：“日月依靠天这个载体而能永放光芒，四季周而复始变化不已才能永久生成万物，圣人持之以恒地保持美好的道德就能用教化来成就天下人。”

孔子讲风化，重教化；庄子主张化腐朽为神奇；孙子从大自然水流无形中悟出“化”的智慧，兵无常势，水无常形，能因敌变化而取胜者，谓之神；程颐更加认为能悟能化能超脱，善于变通为圣人。

儒家重变化气质，道家重变化神气，佛家重变化心性。一个化字，深入生活的方方面面，蕴含深刻的智慧。

5. 找准自己的位置

容得下别人的风光，按得住自己的嚣张。

天要让人亡，必先使他狂。狂得了一时，狂不了一世。结局来临时，你会承受不起。

有位主持人在节目中告诫年轻人："上山的人永远不要瞧不起下山的人，因为他曾风光过，你还在山下；山上的人永远不要瞧不起山下的人，因为说不定什么时候，山下的人会爬上来。所以一定要做好自己。"

"上山下山"这四个字，简单中又饱含深刻的人生哲学。人生如登山，要向着顶峰攀登，也要学会如何下山。在山上时不轻狂，在山下时不自弃，找准自己的位置，才能把曲折的人生走成坦途。

能量比你低的人，会怀疑你、否定你、评判你、嫉妒你、攻击你！能量同频的人，会喜欢你、肯定你、欣赏你、陪伴你、珍惜你！能量比你高的人，会理解你、包容你、守护你、扶持你、成就你！

这世界，变化万千，境遇总有轮转，没有谁能一直强大，也没有谁会一直弱小。身居高位时，低调谦逊，才能行稳致远。

在山上的时候，事不可做尽，做人留一线，也是给自己留后路；身处高位时，学会把别人当人，尊重了别人，也是在庄严自己。

我们都难免遭遇挫折，或是梦想被人嘲笑，或是能力受到质疑。然而，越是在人生低处时，更应该自己瞧得起自己。

杨绛先生曾写过这么一段话："无论人生上到哪一层台阶，阶下有人在仰望你，阶上亦有人在俯视你。你抬头自卑，低头自得，唯有平视，才能看见真实的自己。”这也正是她自己一生的真实写照。

人生之路，变幻莫测，没有长期的繁盛，也没有永久的沉沦。上坡时，不要瞧不起正在爬坡的人；立于山巅，也莫看轻还在山下的人。在山上时不自傲，因为成功总会成为过去；在山下时不自弃，因为低谷也最终会过去。

《易经》中说：“上交不谄，下交不渎。”不管别人位置有多高，都无须仰视；不管别人位置有多低，也不应去傲视。得意时不张狂，失意时不沮丧。始终不卑不亢，以平常心过一生。

▶ 相信的力量

走正确的路，放无心的手，
结有道之朋，断无义之友，
饮清净之茶，戒色花之酒，
开方便之门，闭是非之口。

“做人没有梦想，
和咸鱼有什么区别？

三　立志：人生永远没有太晚的开始

无名草木年年发，不信男儿一世穷。

方向对了，就不怕路远。什么时候都不要怨天尤人。每一次挫折都是一笔财富，对名利的追求是无穷无尽的，不要贪图名利，多少钱都买不到一个幸福的家庭和人生。做一个有情有义的人，对得起家庭、爱人、朋友、兄弟，这样虽然没有大富大贵，但是可以坦坦荡荡问心无愧。

王阳明提倡心学，心学的智慧就是知行合一、立定志向。孟子说：“士何事，曰尚志。”世间众生之所以为众生，只在缺少志向，不敢做梦。

稍有梦想的人，也只是在功名、富贵、利益、爵禄与妻子、儿女、服饰、饮食上着力，这样即使能享受一时的金钱荣誉，对人生事业没有觉悟，到死也终究只是平庸之人。

左宗棠最有名的一副对联：“发上等愿，结中等缘，享下等福。择高处立，就平处坐，向宽处行。”讲立志、谈梦想，就是教人要树立大志，要树立大梦想，这样即使做不到优秀，也可以生活得无忧无虑。

人秉承天地灵气而生，总要对天地、对人类、对历史、对父母、对家庭有个交待。这个交待，不是穿衣吃饭、生儿育女就能交待得了的。所以立志是大事，梦想是根本。

1. 君子立志之道

鸿鹄高飞，一举千里。

靠亲戚，望知己，不如自己立志气。

胡林翼说："人才以志气为根本。"

曾国藩说："有了梦想就一定不会甘心做一个地位卑贱的人。"

谢良佐说："一个人必须先立定志向，立定志向才有根本。比方树木，就须先有根本，不断培养，后来才能成长为一棵大树。"

世人常常谈梦想，讲志向。谈梦想，立志是做人的目标，也就是做人的道路，讲志向，立志是做人的根本，也是做人的力量。你要做一个顶天立地的人，就须先立一个顶天立地的志向。立志做大人，就应以圣贤为事业；立志做大事，就应以英雄为事业；立志于富贵，就应以名利为事业；立志做普通人，就应以衣食为事业。说到底，做人总要有个志向，才有路可走。

王阳明说："志向不能立定，天下便没有可做得成功的事情。各种有技能才艺的工匠，没有不以立志为根本的。现在的读书人，荒废学业，堕落懒散，贪玩而浪费时日，因此百事无成，这都是由于志向未能立定罢了。所以立志做圣人，就可以成为圣人了；立志做贤人，就可以成为贤人了。志向没有立定，就好像没有轮舵的船，没有衔环的马，随水漂流，任意奔走，最后又到什么地方为止呢？古人说，假使做好事可使父母愤怒他，兄弟怨恨他，族人乡亲轻视厌恶他，如像这样就不去做好事，是可以的。做好事就使父母疼爱他，兄弟喜欢他，族人乡亲尊敬信服他，何苦不做好事不做君子呢？假使做坏事可使父母疼爱他，兄弟喜欢他，族人乡亲尊敬信服他，如像这样就做坏事，是可以的。做坏事就使父母愤怒他，兄弟怨恨他，族人乡亲轻视厌恶他，何苦一定要做坏事、做小人呢？各位同学想到这点，也可以知道为君子应立定志向了。”

马云说：“不要为无法控制的事情而放弃自己的梦想和目标。”有了志向，不转不移，不动不摇，终将成功。所以古人说：“志为圣贤，就做圣贤；志为豪杰，就做豪杰。”

曾国藩早年去京城当官的时候，每天都是浑浑噩噩，忙碌于交际应酬，看起来很忙碌，但是内心很空虚，所以他经常在日记中自责。苦思冥想，曾国藩终于找到了问题的症结——那就是自己没有立定志向。

1840 年农历十月十七日，曾国藩在日记中写道：“志不立，过不改，欲求无忝所生，难矣。”可惜，每次立志自新没多久，又半途而废了，就如他在两年后，也就是 1842 年农历十一月的日记中所写：“立志自新以来，又已月余，尚浮躁如此耶！”

十二月初七，曾国藩痛定思痛，为自己专门制定“修身十二条款”，发誓要新换为人、重塑自我，如他在日记中所记载：“从此谨立课程，新换为人，毋为禽兽！”

曾国藩还专门总结了一副对联，来经常自我勉励——不为圣贤，便为禽兽；莫问收获，但问耕耘。这样，曾国藩内心变得越来越强大，不再为那些鸡毛蒜皮的事情而斤斤计较、患得患失。

也正是因为曾国藩选择了适合自己的志向，内心更加坦然，仕途也越来越顺畅，十年七迁，官居正二品侍郎。

曾国藩用他自己的故事，讲述君子立志之道。他说：“君子的立志，有为民众请命的器量，有内修圣人的德行，外建王者称霸天下的雄功，然后才不负父母生育自己，不愧为天地间的一个完全的人。所以他所忧虑的是自己不如舜帝、不如周公，他忧虑的是自己德行没有修养、学问没有大成。所以顽固的刁民难以感化则忧，野蛮的夷、狡猾的夏不能征服则忧，小人在位贤人远循则忧，匹夫匹妇没有得到自己的恩泽则忧。这就是通常所说的悲天命而怜悯百姓穷苦，这是君子的忧虑。如果是一个人的委屈和伸张、一家人的饥和饱，世俗所说的荣与辱、得与失、贵与贱、毁与誉，君子还没有工夫去忧虑这些呢。”

2. 事因志立，志立事成

这世界破破烂烂，总有人缝缝补补。

来日并不方长，后会可能无期。让生命厚重的，是苦难和越过苦难后的刻骨铭心！

《易经·困卦·象传》说：“君子身边河流无水般困境的时候，纵使牺牲自己至为宝贵的生命，也要实现自己的崇高志向。”

真正的君子就该如此，生命在志向面前算得了什么？处于困穷之际，就是要“致使遂志”，不屈服于邪恶，宁愿站着死，绝不跪着生。

苏东坡在《晁错论》一文中说：“古时候能够建立大功业的人，不只具有超出一般的才能，还必须有坚忍不拔的意志。从前大禹治水，凿开龙门堤口，疏通大河，让水流进大海。当他的功业尚未完成的时候，也有堤坝溃决和洪水横冲直撞的可怕灾难。只因为他事先估计到这种必然性，事情来了并不惊慌，而是从容不迫地规划解决，所以最后获得了成功。”

做人，成事，就要立志。事因志立，志立事成。正如朱熹所说的那样，如果你想做成一件事，立志不坚定是不可能成功的。要想成功，就必须有坚定的志向。

志向持得定，志气奋得起，何人不可及，何事不可为？

嵇康说："没有志向的人，不能称之为人。"做人想立得住，却没有志向，就是圣人也拿他没办法。这就是孔子说的："三军可夺帅也，匹夫不可夺志也。"

志向在东，就向东方去；志向在西，就向西方去。志在做好人，就存好心，说好话，做好事。

改变人生、创造人生，唯有从立志做起。曾国藩说："人之气质由于天生，极难改变。欲求改变之方，总须先立坚卓之志。"陶觉说："丈夫立志果能坚定，自然无事不成。"

人定胜天。只要有志向，就是排山倒海的困难，也能成功。所以汉光武帝刘秀说："有志者事竟成。"

有一件对生活很重要的事，学校却没教：每个人都有某种才能、技艺、手艺和让人开心或投入的本领等。如果还在寻找容身之处，还在试着弄清楚哪些事物可以得到满足，那么，应该做个自我评价：

拿出纸笔或坐在电脑前写下：你最喜欢的活动；你会被什么样的事吸引；你的时间都花在哪些事情上；你会为什么事花上大把时间，忙到天昏地暗，却还是想要一做再做。

接着思考一下：别人在你身上看到了什么？有没有人夸奖过你，说你有组织或分析的才能？如果你不是很确定别人看到了你的什么特质，不妨问问家人和朋友，你擅长的是什么，并为此立下志向，把它做到最好。

这些都是找到人生方向的线索。

我们全都一无所有却充满希望地来到这个世界，人生路上有许多等着被打开的礼物。当你发现某件事能让你投入，就算没有报酬，你也愿意做上一整天，天天做也行，这就是爱好；而如果有人愿意付钱让你做这件事，那你就有个事业了。

3. 养志

没有打虎志，难穿虎皮袄。立下凌云志，敢去摘星星。

凡事要做得到，就要依靠志气。气可以充实志向，可以坚持志向。充实志向，可以使人有力量而自强不息；坚持志向，可以使人有恒心而悠久无疆。这些都是“养志”的功夫。

有的人只谈立志，不谈如何培养志向，这只做到一半。立志要登上珠穆朗玛峰，想登上去，这是志向问题；一步一步脚踏实地从山脚向上攀爬，这是志气问题，也就是培养志向的问题。

培养志向，第一是志向坚定，第二是志向纯正。志向坚定就不动不摇，百折不回；志向纯正就为善不为恶，从正不从邪。

东汉学者牟融说：“立志不坚定，万事不可成。”孟子说：“人一定要保持坚定的志向，不要扰乱自己的情绪。”

志气损毁志向就松弛，志气丧失志向就虚弱，志气枯竭志向就衰败，这样不坏事反而能成事的例子从来没有过。

西汉名相陈平，少时家贫，与哥哥相依为命，为了秉承父命，光耀门庭，不事生产，闭门读书，却为大嫂所不容。为了消弭兄嫂的矛盾，面对一再羞辱，隐忍不发，随着大嫂的变本加厉，终于忍无可忍，离家出走，欲浪迹天涯，被哥哥追回后，又不计前嫌，阻兄休嫂，在当地传为美谈。终有一老者，慕名前来，免费收徒授课，学成后，辅佐刘邦，成就了一番霸业。

清代医学巨匠叶天士自恃医术高明，看不起同行薛雪。有一次，叶天士的母亲病了，他束手无策，多亏薛雪不计前嫌，治好了他母亲的病。从此，叶天士明白了天外有天，人上有人的道理。于是他寻访天下名医，虚心求教，终成江南第一名医。

志气是人性中第一要素，有了它，其他的一切人性要素，才能得到保证，才能得到发扬。妥善保养它，自能改造人生，充实人生，高尚人生，美化人生。

有句话说："取乎其上，得乎其中；取乎其中，得乎其下；取乎其下，则无所得矣"。

意思是：一个人，制定了高目标，最后往往只能达到中等目标；如果制定了中等目标，最后往往只能达到下等目标；如果制定的是下等目标，那最后恐怕一无所得。

4. 不怕不成事，就怕没立志

不谋万世者不足以谋一时，不谋全局者不足以谋一域。心怀千里志，胸有一盘棋。

这个世界只要有梦想，只要不断努力，不断学习，不管长得如何，不管是不是有钱，不管是这样还是那样，都是有机会的。

活着，要有理想，有目标，不能稀里糊涂过一生。这个理想与目标，就是志向，也可以说是志愿。

北宋理学创始人张载说："为天地立心，为生民立命，为往圣继绝学，为万世开太平。"禅宗六祖慧能大师说："众生无边誓愿度，烦恼无尽誓愿断，法门无量誓愿学，佛道无上誓愿成。"这是张载和慧能大师的志愿和胸怀，也是他们人生的理想目标，里面有他们的气势，也有他们的境界。

做圣人先要有圣人的境界，做英雄先要有英雄的理想，这都是教人向上的，提高人的人格、精神，提高人的品德、地位，使之身处世间却超越世人。只有这样，才能创造而不为历史的洪流冲刷、湮灭。

有人曾模仿慧能大师的"四誓愿"引申说："圣人难学誓愿学，

圣德难修誓愿修，地狱难入誓愿入，众生难度誓愿度，圣道难成誓愿成，天地难改誓愿改。”

人不怕才力不够，就怕志向不立。不怕不成事，就怕没立志。立志向上，很多时候有意想不到的情况发生。无志向上，却要达到目标，这种情况从来没有过。

文天祥少年时生活困苦，在好心人的帮助下才有机会读书。一次，文天祥被有钱的同学误会是小偷，他据理力争，不许别人践踏自己的尊严，终于证明了自己的清白，而且通过这件事，更加树立了文天祥金榜题名的志向。

唐代书法家柳公权从小就显示出在书法方面的过人天赋，他写的字远近闻名。他也因此有些骄傲。有一天，柳公权遇到一个失去上肢的老人，竟然发现老人用脚写的字比他用手写的还好。从此，他时时把“戒骄”记在心中，勤奋练字，虚心学习，终于成为一代书法大家。

德国军事理论家克劳塞维茨告诫德皇太子说：“雄图大志，是伟大事业成功的基础。世间没有不立雄图大志而能成为伟人的人。一切才智、自信、勇敢，都要以雄图大志为根本。”这不是虚假之言。

5. 穷且益坚，不坠青云之志

有志者战天战地，无志者怨天怨地。

世间没有小时不立志，长大后办大事成大业的人。立志小，眼界就小，格局就小，抱负就小，见识就小，气象就小，一生存心行事，理想与做法，都会局限在小范围内。

立志做人，有“团队少我不得，公司少我不得，国家少我不得，人类少我不得，历史少我不得，天地少我不得”的心志，才能胸怀宽大，气宇轩昂，前途无量。

春秋时，管仲辅佐齐桓公九合诸侯一匡天下，孔子评价他“器小”，主要是管仲没有圣人之志，没有圣人之心，没有圣人气象。

诸葛亮《诫外甥书》写道：“一个人应当有高尚远大的志向，仰慕先贤，戒绝情欲，抛弃阻碍前进的因素，使先贤的志向在自己身上显著地得到保存，在自己内心深深地引起震撼。要能屈能伸，丢弃琐碎，广泛地向人请教咨询，除去猜疑和吝啬，这样即使因受到挫折而滞留，也不会损伤自己的美好志趣，又何必担心达不到目的。倘若志向不刚强坚毅，意气不慷慨激昂，那就会碌碌无为地沉湎于流俗，默默无闻地被情欲束缚，势必永远沦入凡夫俗子之列，甚至免不了成为庸俗的下流之辈。”

一个人的志趣宜高远，志气宜恢宏，志量宜广大，志力宜坚毅，四者具备，而不能超然出众就很少见了。元代学者虞集对此有详尽恳切的解释，他在《尚志斋说》中说道：

以前看过射箭吗？靶心是射箭者所追求的目标。于是挑选一把好弓，修直你的箭，蓄养你的体气，积蓄你的力量，站正了身子，遵照射箭的方法，来好好准备射箭。拉弓一定拉圆，瞄准一定仔细，发射一定干脆，一直到箭正中靶心为止。

如果靶心没有确立，一个人就没有专一的努力方向，那么虽然他有好弓、强力，也会茫然无措，箭往哪里发射呢？更何况那种松弛地拉开弓来游戏，慢慢地发射，起初也没有确定的目标，更不期望一定要射中靶心，这种人，君子是要和他绝交，不和他做朋友的，就是因为这个人没有追求。

善于学习的人，如果知道这种理念，也可以有些警惕吧！学习的人想要成为圣贤，就好像射箭者想要射中靶心。不以圣贤作为目标而学习的人，就是不确立靶心来射箭的人。志向如果失去明确的方向，就会泛滥盲目，没有标准，想要不成为妄人，大概很少见吧。这就是为什么立志是首要因素的道理。

已有了明确的方向，就要考虑实现的途径了，这尤其是没有追求的人所不能做到的。所以跟随老师，寻找朋友，好好读书，弄清道理，这都是实现目标所应做的事情。于是，平时家居无事的时候，这份志向未曾怠慢过；处理事情、待人接物的时候，这份志向未曾混乱过；生活安逸、处境顺利的时候，志向不因之而丧失；身处患难、心情忧郁的时候，志向不因之而减损，一定要达到自己的愿望才行。这就是立志始终不可改变的人啊！

所以，志向一旦确立，哪怕是成为圣人，也可以实现的。有前人说："有志向的人，终究能成大业。"又有人说："志向不变，聚精会神。"说的就是立志这件事。

志向不能成立，即使是细微的小事，也是没有成功的道理的，何况学习这样的大事！以前孔夫子具有天生智慧的资质，开始学习时，还一定要谈到志向，何况我们这样的后辈小人？实在是不能不以看重立志为最紧要急迫的事，想清楚啊！

宋代朱熹在《沧州精舍谕学者》一文中说："书不记，熟读可记。义不精，细思可精。惟有志不立，直是无着力处。只如而今，贪利禄，而不贪道义。要作贵人，而不要作好人，皆是志不立之病。"

张载说："天德里面如果气不能保持太和，那么人的性命就会受到气的牵制；如果人的德性里面能够涵养气的平顺，那么性命已经体现出天德的层面。人的性命离不开天的德能，需要气的平顺。气不顺，则志不立。志一立，则气就顺。"

有志不在年高，无志空活百岁；匹夫立志，可参天地；人一立志，万夫莫敌。穷且益坚，不坠青云之志。

▶ 相信的力量

卡耐基曾说：

人可以忍受不幸，

也可以战胜不幸。

因为人有着惊人的潜力，

只要立志发挥它，

就一定能渡过难关。

生活中难免有磕磕绊绊之事，

危机和无常永远存在。

稳住内核，及时调整自己的节奏，

才是一个人的顶级智慧。

> 把温暖和感动带给你在乎的人。

四 品格：那是光照亮的地方

小胜靠智，大胜靠德。做小事情靠技巧和心机手腕，做大事情靠眼光和人格魅力。

人之所以是人，在于人格。高尚完美的人生，应该有高尚完美的人格。要做顶天立地的人物，就要有顶天立地的人格。世人常说的人品、品德、品格，都可称为“人格”。

人，有德才有品，有品才有格。有了品格，一个人的学养、胸怀、操守和形象、神采、风貌，都自然而然地显现出来。

《黄帝内经》中说：“有诸形于内，必形于外。”原意是人的身体内有了毛病，一定会在身体表面显现出来。引申到人的思想品质，就是：人的内在气质，必然会在言行中体现出来；人的思想境界，一定会在言行中表现出来。

有句话说：“人与人之间，最大的吸引力，不是你的容颜、财富和才华，而是你传递给对方的信赖、踏实和真诚。”短期相处看性格，长久相处看品德；让人舒服的是语言，让人信服的是品行。

1. 好的人品就是好的风水

身在高处时，人品会为你托底；

身在低谷时，人品是你向上的阶梯。

只有具有高尚的道德，才能具有高尚的人格；具有高尚的人格，才能具有高尚的人生。苏格拉底说："人有了人格的自觉，一定不甘心堕落成禽兽，他的品格也自然有所提高。"

要完成自己的人格，涵养自己的品德，提高自己的人生境界，就要在平时多下功夫，于说话、沉默、行动、安静中，不能有丝毫的马虎大意。

一位风水师匆匆赶路，曾向一户人家讨水喝。女主人舀了一瓢水，却在水中撒了一把秕谷。风水师心里不悦，女主人请他帮忙选块福地，风水师敷衍地随手一指。

十几年后，当风水师再次路过，看到那户人家过得很美满，于是提起当年的疑惑。

女主人笑着对他解释说："当年看你满头大汗，若是猛灌解渴说不定会生病，就撒些秕谷让你缓缓气。"

风水师这才知道自己误会了，感叹道："积善之家不用看风水，哪里都是福兴宝地。"

正所谓："海宽不如心宽，地厚不如德厚。"一个人会有多大福分，不在于命运和能力，也不在于地位和财产，而在于他的人品。

好的人品，就是最好的风水，是收获成功和幸福的聚宝盆。

英国作家叔本华说："完美的人格、高尚的品德，是从实际生活中锻炼出来的。"

美国总统林肯说："我们要想涵养一种高尚的人格，就要养成一种公正不阿的优良品德。"

王尔德说："一个人能以不随便地同意、不随便地作为、不随便地逃避来持身处世，才能保持公正完美的人格。"

世人常说："名誉是人生的第二生命。"也有人说："人格是人生的第二生命。”因为人格是内在养成的，名誉是外在赋予的。名誉可以靠欺骗、偷窃得到，而人格不能靠欺骗、偷窃得到。

追求名誉，容易使人陷入广求人知的毛病，追求人格则完全是不为人知的事情。人格只能自我力行，自我培养，自动完成。

美国心理学家和精神病学家卡伦·霍妮曾从精神分析视角分析了我们这个时代三种“神经症人格”对权力、声望和财富的病态追求。她认为，这其实是内心软弱、焦虑和缺乏安全感的外在表现。

莎士比亚对此也有感触，他说：“品格是一个人的内在，名誉是一个人的外貌。”

美国前总统华盛顿更是认为：“无论用什么方法获得名誉，如果后面没有品格来支撑，名誉终究会被消灭。”所以，人格大于名誉。人格无法凭借官职、爵位、名声得到，它只有从自我生命的升华中形成。

2. 人才难得，人品更难得

人生的四种心境：痛而不言、笑而不语、迷而不失、惊而不乱。

一个人力求有格有品，形象、仪态、风姿，能从品格里看到。

清代学者金缨《格言联璧·敦品类》中说：“人以品为重，如果存有一点卑贱奴仆的心思，便称不上是顶天立地的汉子。”

清代理学家张伯行《困学录集粹》中说：“心境像青天白日，立品像光风霁月，这才是会做人的气象。”

《清言》中说：“月到梧桐上，风来杨柳边，大丈夫不可以没有这种襟怀。海阔从鱼跃，天高任鸟飞，大丈夫不可以没有这种气量。珠藏泽自媚，玉韫山含辉，大丈夫不可以没有这种内涵。玄酒味方淡，大音声正希，大丈夫不可以没有这种风致。秋月扬明辉，冬岭秀孤松，大丈夫不可以没有这种节操。两仪常在手，万化不关心，大丈夫不可以没有这种影响。”

这几段话，让我们看到，一个人的人格、人品和风姿、气象都从日常行住坐卧中涵养而来。

所以，人格的陶冶不是一件容易的事情，需要随时省察、检点、栽培、浇灌才能完成。

一名德国技术员因失业流浪到美国，这期间有家小工厂雇用了他。

美国福特公司有台电机坏了，公司技术员修不好，有人推荐这名德国技术员。

技术员在电机旁聚精会神地听了三天，最后让他们拆除多绕的线圈，电机马上正常运转了。

总裁对技术员十分欣赏，给了他 1 万美元酬金，并邀请他加盟。技术员却说自己不能离开那家小工厂，因为老板在他最困难的时候帮了他。

当时，人们都以进福特公司为荣，德国技术员却为报恩舍弃了这个机会，这让总裁感慨不已。不久福特公司作出决定，收购那家小工厂，只因为那里有那位技术员。

人才难得，人品更难得。爱默生说：“品格是一种内在的力量，它的存在能直接发挥作用，而无需借助任何手段。”技能和学历是敲门砖，却不是永久的饭票。能力决定走多快，而人品决定走多远。

人品好的人重情重义，凭良心做事，严于律己，言出必行，让人信服、让人放心。这是植根于骨子里的品质，是一个人的黄金招牌。

3. 谋大事者首重格局

看清别人容易，看清自己困难。

人品正，人心会来靠近；待人接物人品好，会赢来尊敬，做起事来才游刃有余，做什么更得心应手！

一位母亲告诫她在外地工作的儿子说："世界永远不缺聪明人。你在外面无论做人做事，首先要保得住人格。保得住人格，首先要修炼几根硬骨头。一个人有骨头就有气节，有气节就有精神，有精神就有品德，有品德就有格局。做人离不开格局，圣人有圣人的格局，英雄有英雄的格局，领导有领导的格局。"

曾国藩说："谋大事者首重格局。"一个人成功可以分为三个阶段：做事、做势、做局。5年后、10年后、多少年后，要想站在你想要的"高位"，当下的你怎么办？

思路决定出路，格局决定结局。只会盯着树皮里的虫子不放的鸟儿是不可能飞到白云之上的，只有眼里和心中装满了山河天地的雄鹰才能自由地在天地间翱翔！

人生的格局就在你怎么看自己，在你所认识的人，在你说的每句话，在你给人的感觉，在你做事的态度，在你经历的苦难，在你的每个念头，在你的所作所为。

有一句名言说："敦品立德。"要有一个完美的人格，需要在"德"字上下功夫。

《中庸》里说："有大德的人，一定会得到他所应该享有的地位，必然会得到他应有的俸禄，必然会得到他应有的寿命。"这是从人格的特征上来说的。

得不到地位、得不到俸禄、得不到寿命，并不阻碍一个人获得完美的人格。修养品德，靠自己去做，靠自己去行。品德，是一个人的内在；职位、俸禄、名誉、寿命，是一个人的外在，它们是一个人完成人格塑造的附属品，而不是必需品。

4. 小胜靠智，大胜靠德

欣赏一个人，敬于才华，久于善良，终于人品！

买了就不要去比价格，吃了就不要后悔，爱了就不要猜疑，散了也不要诋毁。所有的一切，都是为当初的选择买单。

对一个人好，哪怕看错人，哪怕被辜负，哪怕撞南墙，因为对他好，不代表他有多好，而是因为你很好。

做人是做事的开始，做事是做人的结果。不懂这两点的人，永远都是社会的边缘人。

人品是立世之本，如果人品不过关，聪明才智反而会成为前进路上的障碍。

清朝有个监官叫金安清，才高八斗，但是品行不端，在军营中敛财无数。

金安清为了谋求官职到处打点，很多人收了好处，在咸丰皇帝面前替他说尽好话。可当咸丰得知此人心术不正时，龙颜大怒，下令将金安清遣回原籍。

后来，林则徐招金安清做幕僚，发现这个人油腔滑调不务正业，于是把他礼送出门。

金安清又去应聘曾国藩的幕僚，被曾国藩连拒 7 次，最后一次接见了他，从此对他敬而远之。

李开复说过一段话："人品排在人才所有素质的第一位，超过了智慧、创新、情商、激情等。一个人的人品如果有问题，就不值得考虑雇用他。"

人品，是检验一个人的标准，比能力更重要，甚至能决定一个人的成败。能力不足，可以通过后天来弥补。唯利是图的人，没有做人的原则和底线，为达目的会不择手段，始终是个隐患。

人品不过关，即使再有智慧和才干，也会失去人心和机会，让自己无路可走，再努力也是白费心机。

清代将领胡林翼说："古今成就大业的人，以人才为根本。古今人才的重点，以气骨为根本。"

一个人必须有气有骨，才能有品有格；必须有血有性，才能有德有义。没有骨气，不是人；没有血性，不是人。骨气与血性，是完美人格的基本要素。人的所有言行举止，都要以此为基础，没有这个基础，我们就看不到他的坦诚，看不到他的率真，看不到他的美好，看不到他的善良。

《世说新语》有言："小胜靠智，大胜靠德。"小聪明只能让人暂时得到小便宜，却成不了大事；想要获得大的成功，一定要有高尚的品德。

一个人，没有了品格，就失去了人脉。人无信不立，业无信不兴，国无信则衰。夫妻要信任，才能"同心"；朋友要信任，才能"互帮互助"；同事要信任，才能"齐心协力"；陌生人要信任，才能"温暖心灵"。凡成大事者，必取信于人，才能脚踏实地走好每一步。

▶ 相信的力量

人该有的四样东西：

扬在脸上的自信；

长在心底的善良；

融进血液的骨气；

刻在生命里的坚强。

> 别人怎么对你，
> 都源于你自己。

五　自尊：把自己当回事儿

烂泥烂得好好的，何必把它扶上墙？咸鱼躺得好好的，何必给它翻身？朽木朽得好好的，何必把它雕成才？

成年人的世界只管筛选，不管教育；只有选择，没有改变。自己不觉醒，他人如何度；自己若觉醒，何须他人度？

有人微信签名说："当下不是我想要的生活，却是我自找的生活，我没有心事可讲，我所有的心酸都是在为昨天买单。"

没人不辛苦，如果有人活得好一点，那一定是把自己当回事儿。别人怎么看我们无所谓，但是要自己看得起自己。

想要让自己看得起自己，就要靠自己去争取和奋斗，努力的人，就像盛开的花，越努力越美丽。

一个不努力、好吃懒做、虚度光阴、挥霍无度的人，导致自己一事无成，债务累累，这个时候再不及时刹车，就会陷入悲哀的泥沼，早晚为自己的过去付出沉重的代价。

《增广贤文》中说："穷居闹市无人问，富在深山有远亲。谁人背后无人说，哪个人前不说人。有钱道真语，无钱语不真。不信但看筵中酒，杯杯先劝有钱人。"

不向金钱低头，但也不能甘心做一个贫穷的人。努力做一个物质上不匮乏、精神上更富有的人，是人生的最佳状态。

成功能够治疗大多数缺点：人缘不好，长得不帅，说话没有分量等。成功的那一天，身边的人，包括青山绿水都会来为你喝彩。到那时候不仅是你自己能看得起自己，身边人也会为你竖起大拇指。

1. 做人不能缺少自尊心

士为知己者死，女为悦己者容。人来人往，勿失勿忘。

每个人都能实现自我超越。是当首富、竞选总统，还是做将军，都在自我如何做。如果能深刻观察自己，认识自己，唤醒自己沉睡的潜能，奇迹便会由此产生。

奇迹发生后，你会发现，你与千古圣人没有区别，千古圣人与你也没有区别；你与千古英雄没有区别，千古英雄与你也没有区别；你与万世豪杰没有区别，万世豪杰与你也没有区别。你与千古圣人、千古英雄、万世豪杰没有丝毫不同，你之所以不能成为他们，原因是没有挖掘自己、创造自己罢了。

因此，不能缺少自尊心。自尊的人一定自敬，自敬的人一定自重，自重的人一定自爱。

反之，自尊的人必不自卑，自敬的人必不自贱，自重的人必不自暴，自爱的人必不自弃。

尧，是人；舜，也是人。人若有所作为，那么这有为的人就像是尧舜一样的人了，看究竟做不做了。陆九渊有首诗说："只手攀南斗，翻身倚北辰，举头天外望，无我这般人。"这就是自尊自重。

因为陆九渊有这样的感觉，所以他又说："宇宙中的事，是自己分内的事；自己分内的事，是宇宙中的事。"这就是自敬自爱。

看得起自己，才能让他人看得起，才能产生无比的自信心。让人看得起，就是要自己做人有重量，能端重能庄严能肃敬，不轻佻不苟且不散漫。也就是“君子不重则不威”的意思。庄重，自可威光照人，神采慑人，使人一见便生起肃穆敬畏之心。

2. 自尊不是唯我独尊

受过的每份委屈，都在提醒自己要争气。

这世界并不会在意你的自尊，这世界希望你在自我感觉良好之前先要有所成就。

自尊，不是自我夸大，唯我独尊。自夸容易滑向狂妄，容易滑向怪诞，所以自尊不是自大。自尊心主要是使你看得起自己，自己这块材料得之于天地，不比别人少一分，只要自强不息，精进再精进，那获得跃迁的机会，绝不会少你一分。所以不能自暴自弃，辜负上天赋予你的才能。

自尊心是一台发动机，是促使一个人不断向上发展的原动力。假如我们将自己比作泥土，那我们就真的会成为被人践踏的泥土了。没有自尊心的人，就是自卑。自卑的人，常常安于现状，安于平庸，不求上进，总觉得己不如人。

上天赋予你的，没有不如人的地方，只要你肯自我挖掘，自我奋斗，终有所成。

选择任何事情都不是预先决定的。我们的未来取决于我们自己。

3. 自尊不是自大

生活需要仪式感。让每一个普通的日子，都变得有趣和值得纪念。

做一个不动声色的大人。不准情绪化，不准偷偷想念，不准回头看。去过自己另外的生活。要倾听别人说什么，不是所有的鱼都会生活在同一片大海里。

没有人会去帮助毫无价值的人。必须好好地经营自己，就算跌入了谷底，也要有与人交际的资本，这才是强者定律。

不努力就会被淘汰，不强大就会被伤害。

自尊与自大，没有内在的联系。自卑与自大，常常联系在一起。自卑感与自大狂，是一个物体的两面，好像剃须刀片，两边都有伤人的利刃。利刃不但伤人，还会伤己。

自卑感，不但平庸人常有，许多伟大人物也在所难免。因为人各有所长，各有所短。短的一面，也是弱点的一面，使人容易产生自卑感，于是人们常常用其短处掩盖其长处。在另一方面，又产生一种自大狂，借以掩盖其弱点，因而常常自作聪明，自作英雄，自我为圣，自我为师。

古代那些愚蠢而自用，卑贱而自尊，好为人师的人，都犯了这个毛病。于是他们亲自将自己伟大的成就断送在坟墓中，不知有多少。

自尊不是骄慢，不是狂傲，自尊自重存在于一个人的内心，骄慢狂傲显现于一个人的外表。

骄慢狂傲的人只能看到微小，不能看到伟大。天地从不说自己伟大，做人何来狂傲之心？

4. 自敬

自尊，须先自敬。

不敬重自己，如何让人尊重，如何获得自尊？能自敬的人必不自贱。自敬，是“主敬”的学问。宋代程颐、程颢说：“涵养须用敬。”敬于心，敬于行，敬于事，甚至敬于天地，敬于鬼神。无所不用其敬，那么精神无所不集中，无所不专一。

诚是天地之道，敬是人事之本。敬于身，则身不骄慢；敬于心，则心不动荡；敬于行，则行不放纵；敬于事，则事不懈怠；敬于鬼神，则天地鬼神不忽视。这样持己以敬，哪有德不立业不成的道理？

自敬，能让你赢得尊重。前提是，你得接受自己，努力成为理想中的自己，然后你才能真正尊重自己。

要自敬，就要做到：

了解自己。越了解自己，越能发现自己的独特，从而更尊重自己。发掘你的个性、天赋和原则。发现自我是一个漫长而又难熬的探险之旅，不过你很快会发现付出的都值得。

原谅自己。承认错误，自我和解，然后放开顾虑向前看。要是你对自己太苛刻，不肯原谅自己过去犯的错，那你就无法真正向前看。犯错是人之常情，错误让我们成长。

接受自己。喜欢自己本来的样子，接受并爱自己。你不必觉得自己是完美的，但是你要接受自己的不完美。为自己的优点感到高兴，也学会谅解自己的缺点，尤其是你无法改变的缺点。

把自己看成是什么，在别人眼里就是什么。世界上没有卑微的事情，只有卑微的人。

5. 自重

自尊，须先自重。

老子说：“以珍贵自身的思想治理天下的人，就可以寄托天下；以爱惜自身的思想治理天下的人，就可以委托天下。”

不要在你的智慧中夹杂着傲慢，不要使你的谦逊心缺乏智慧。

尧打算将天下禅让给许由，许由不接受，这是他看重自身的表现。能自重，就不会被外物困扰，不会被外物伤害。这样就能守住简约，守住唯一，守住中庸，守住大道。

程颢有首诗说："醉里乾坤都寓物，闲来风月更输谁？槛前流水心同乐，林外青山眼重开。死生有命人何与？消长随时我不悲！"能消长随时而不悲伤，这是程颢的自重，能做到心有主宰。

赵州和尚说："你们这些人被十二个时辰使用，老僧我使用十二个时辰。"能使用十二个时辰，也就是心有主宰，不受外物调动。

老子说："稳重是轻率的根本，沉静是浮躁的主宰。"自重的人掌控别人，自轻的人被人掌控，这是博弈论常识。

6. 自爱

自尊自重，必能自爱。

自重自爱的人，绝不会自轻自贱，绝不会自暴自弃。自爱的人，常能自我成全：爱护自身就能保全自身，爱护道德就能保全道德，爱护精神就能保全精神。古人常说"名节不能亏损"，名节不亏就要做到自爱。

庄子说："圣人息心于恬淡虚无的境界，遇到艰难险阻能够化险为夷，然后就能心境恬淡。安稳恬淡，那么忧患不能进入内心，邪气不能侵袭肌体，因而他们的德行完整而内心世界不受亏损。"这完全是说明自爱自全的道理。

孔子说："贤德啊，颜回！一个竹筐盛饭，一个瓜瓢喝水，住在小巷子里。别人都忍受不了贫困的烦忧，颜回却不改变他自身的快乐。贤德啊，颜回。"颜回如果不是一个自爱的人，就不会这样做。

东汉魏晋时期道教全真道祖师钟离权有诗说："露滴红阶玉满畦，闲拖象履到峰西。但令心似莲花洁，何必身将槁木齐。古堑细香红树老，半云残雪白云啼。虽然不是桃花洞，春至桃花亦满蹊。"这就是自爱。

能自爱，心中自然别有一番天地。也就是："吾心中自有世界，世界全在吾心中！"吕洞宾说的"一粒粟中藏世界，半升铛内煮山川"，也是这个意思。

一个人有灵活性是聪明，但灵活要有一定的限度。做人如果没有人生准则，那么给人的感觉就是没有个性，缺乏魄力，甚至是"软骨头"。要做一个真正的人，要得到别人的尊重，甚至要成功地与人交往，要取得生活成功，做人就必须有准则。而人生准则中一个很重要的部分就是要维护人格尊严。

生活中常有这样的体验：有些人，虽然有钱、有地位，但一眼看去就觉得不必重视；而有些人，虽然没钱，但短暂的接触，却让你感到不能轻视。这后一类人正在于他们自尊自爱，看重自己的人格尊严。

实际上维护人格尊严，就是维护自己做人的权利，就是尊重自己；连人格尊严都可以放弃的人，就是自己贬低自己。一个人如果自己都不尊重自己，别人又怎么会尊重他呢？

7. 维护人格的尊严

世界奇奇怪怪，你要可可爱爱。每天演好一个情绪稳定的成年人，清醒、识趣、克制。

可以屈居人下，可以求人，也可以依赖人，甚至聪明人有时还会想办法让别人觉得他比自己聪明。但在做这一切时，应该注意不能让人因此而瞧不起。我们要让他感觉到我们心中有主宰，我们有自己的尊严，让他觉得我们有分量，这样他才会尊重我们。

如果有两个人用同样的方式去赞扬一个人，那么，两个人中地位较高者的赞扬往往更被对方所看重。

康德说："没有实力时，对别人的好，很容易被定义为讨好。"我们在别人心目中的地位，往往决定了我们在交往中的分量。

这种地位，一方面固然是由我们的实际地位决定的，但另一方面也要看我们给他的感觉是轻还是重。

注重维护人格尊严的人，表现出的是自尊自重，也就往往容易让人尊敬，给人良好的感觉，别人在与你交往处事的过程中，就会尊重你的人格，维护你的尊严。

珠玉埋在泥土里，始终是珠玉；沙砾飘在天空中，始终是沙砾。你只要能完成你自己，即使沉沦在泥土里依然是珠玉，不要去羡慕飘浮在富贵名利场所的沙砾，他们最终会被社会的筛子过滤、淘汰掉。

▶ 相信的力量

余生很贵，
努力活成自己喜欢的样子，
不要迷失了自己，
不要迷失了方向，
慢一点没关系，别着急。
往后余生，
希望你忠于自己的内心，
活得还像自己，
做一个真实的自己。

> 每一个不曾起舞的日子，
> 都是对生命的辜负。

六　自信：激发无限可能

不怕百战失利，就怕灰心丧气。

每个人都有潜在的能量，只是很容易被习惯所掩盖，被时间所迷离，被惰性所消磨。

柏拉图说：“如果我们用信心去作战，那么我们就有双重装备，在战场上必定胜利。”由自信心激发出隐藏在人性中的生命潜能，可以产生神勇和神力，达到改变生命、改变世界、改变天地的奇迹。

人类过去的发明创造和世界文明的进步，都是由自信力来完成的。能够成就伟大事业的，永远是那些相信自己见解的人，永远是那些敢于想人所不敢想的人，永远是那些敢于为人所不敢为的人，永远是那些不怕孤立的人，永远是那些勇敢而有创造力的人。

那些沉迷于卑微信念的人，不敢抬头要求优越的人，只能老死窗下，遗憾离世。

平庸的人之所以平庸，因为他们没有发现、没有激活、没有唤醒自己酣睡的神圣潜能，而安逸于平庸，止步于平庸。英雄豪杰之士则不同，他们有大理想、大目标、大意志、大信心，永远向前，永远向上，期望着将他的生命力发展到惊人的奇迹。

1. 保持自信心

状元原是人间子，宰相亦非天上儿。

我们每天都会遇上不同的事情，好的坏的都有，所以不能以同样的心态去面对，无论心情如何低落，都要保持自信心，记得给自己点个赞！

自知者明，自信者强。自信心是一切伟大事业成功的首要条件。只有自尊心没有自信心，不是落入狂妄就是落入荒诞。有自信心的人，可以化渺小为伟大，化平庸为神圣。人生中那些坚忍、精进、勇猛、恒心、耐心与克服困难危险等美德，都是从自信心中产生的。

自信是成功之祖。自信会增加才能，使精力加倍，支持心能，增加力量。同时，也是生命中众多美德获得发扬的中心指导力。你要不屈不挠，百折不回，屡败屡战，屡仆屡起，没有自信心做基础，又有什么可能？

我们应该先有“尧，是人；舜，是人。他们能做成的事，我也能做成”的信心，然后才能产生一种不到不止、不成不休的勇气、定力与毅力。平庸之人之所以成为平庸之人，就是他自信不如人、自信不能胜人，而自甘堕落。英雄豪杰之所以成为英雄豪杰，就是他自信能超越人，自信能战胜人，而自强不息。

因此，必须有非常的信心，才能成就非常的事业。对于有信心而永不屈服的人来说，永远没有所谓的失败。一个人没有信心，等于放下武器，举手投降，自认失败。

自信自有冲天翼，舍此便为地狱门。信心就是相信我们的理想，自信就是相信我自己能实现我们的理想。比如我对成为世界首富有信心，而你没有自信能成为世界首富，那永远都不能成为世界首富。我对佛祖与圣人有信心，而你没有自信能成佛祖、成圣人，那永远都不能成佛成圣。

自信就是将有限生命的脆弱性与无限精神的刚强性揉合在一起，产生一种内在的无比力量。有这个力量，我们就可以没有止境地走下去，一直走到目的地。

我们不但对自己的目标与理想要有自信心，对我们的国家和民族，也要有自信心，对我们国家民族传统的历史文化更要有自信心。这样，你才能继往开来，承接过来，传递下去。这就是自信的扩充与自信的延伸。

2. 没有孤立的自信

舍得一身剐，敢把皇帝拉下马。

马云说："如果我们对自己都没有信心，那么别人就更没有信心。"

自信，不是孤立的个人的自信。无论做圣贤、做英雄豪杰，都不能将自己和人类孤立。对国家民族与世界人类当代的一切，你必须接受；对过去的传统历史文化，你必须继承；对未来的后世子孙，你必须指引，并予以开启。这样，你是国家民族与世界人类中的一分子，国家民族与世界人类也是"你"中的一分子，因为你能接受她。

同时，你可以光耀过去的传统历史文化，而过去的传统历史文化也能光耀你，因为你能继承她。进一步，你可以照耀未来的历史文化，而未来的历史文化也可以照耀你，因为你能指引她，因为你能开启她。这就是整个人类历史文化生命的和合。

老子之所以成为老子，不是孤立的老子；孔子之所以成为孔子，不是孤立的孔子；释迦牟尼佛之所以成为释迦牟尼佛，不是孤立的释迦牟尼佛。他们都上有所承，中有所接，下有所启，囊括三世而归入唯一，扩大唯一而充满三世。这就是“一入一切，一切入一”，与《中庸》上说的“放之则弥六合，卷之则退藏于密”是一回事。

不能树立这样的大信，就不会创立永恒的大成。越孤立越渺小，越扩充越伟大，这就是讲的心中的自信。

3. 大信大成，小信小成

打得一拳去，免得百拳来。

不怕人老，就怕心老。不怕铁硬，就怕心坚。自信是一个人成就自己的美德。大信大成，小信小成，无信无成，不信不成，难信难成。世间没有一个无自信心而能成就一番事业的英雄豪杰。喷泉的高度，不会超过它的源头。一个人的事业也是这样，他的成就不会超过自己相信的程度。

自信力是不可想象的，它可以使不可能变成可能，它可以使一个人从地平线上站起来，与天空一样高大。

自信力对于事业简直是奇迹，有了它，你的才智可以取之不尽，可以用之不竭。一个没有自信力的人，无论他有多大的才能，也不会有成功的机会。当然，一个人不可缺少自信力，当他面对大事时，还是要广征众议，从善如流，切勿愚昧固执，刚愎自用。这两点，常常是一般领导者的通病。

领导者容易目空一切，自作聪明，因此觉得自己才智过人，却不知道自我感觉容易触犯“愚而好自用，贱而好自专”的通病。对此，华盛顿提醒说：“自信并不是只信自己，固执成见，固执私意，走上刚愎专制的道路。广咨于众，也不是专信别人，没有主张，没有定见，走上盲从逢迎的途径。”

自信如何做到至善无碍，完全在于“运用之妙，存乎一心”。

一生中总会遇到这样的时候，你的内心已经兵荒马乱天翻地覆了，可是在别人看来你只是比平时沉默了一点，没人会觉得奇怪。这种战争，注定单枪匹马。

4. 立信于事，立信于人

百尺竿头，更进一步。

信心另一方面的发展，是建立共信心、互信心，建立信仰心、信任心。简而言之，就是“立信”。

立信于事，立信于人，立信于物，立信于天下。能自信，并让别人相信，让天下人相信，这才是大信。

相信自已行，才会我能行；别人说我行，努力才能行；你在这点行，我在那点行；今天若不行，争取明天行；能正视不行，也是我能行；不但自已行，帮助别人行；相互支持行，合作大家行；争取全面行，创造才最行。

信则无易，无易则成。《礼运》中说：“体信达顺。”《易经》中说：“履信思顺。”言顾行，行顾言，这是信；政出必行，令出必行，这是信；赏罚必行，不回避亲贵显要，不遗漏卑贱微小，这是信。

子贡向孔子请教如何处理政事，孔子说：“使粮食充足，使军队强大，使百姓对国家有信心。”

子贡说：“如果迫不得已一定去掉一项，这三者当中先去掉哪一项呢？”孔子说：“去掉军队。”

子贡又说：“如果迫不得已还要去掉一项，在这二者当中先去掉哪一项呢？”孔子说：“去掉粮食。自古以来谁都难免一死，百姓对国家没有信心，国家就难以立足。”

处理政事，孔子宁可去掉军队、去掉粮食，而不去掉信心，可见他对信，对信心和信任的看重。所以孔子说："如果一个人不讲信用，不知道他怎么去做人。好比大车没有套横木的輗，小车没有套横木的軏，怎么能行走呢？"他又说："坚定信念并努力学习，一生不离善道。濒临危亡的国家不前往，发生动乱的国家不居住。天下政治清明就出来做事，政治混乱就归隐。政治清明而自己贫贱，是耻辱；国家混乱而自己富贵，也是耻辱。"

我们如果能做到言必由道、行必中礼，言必信，行必果，那天下人将会生死相随，不仅仅是成就事业那么简单了。

《晋语》中说："国家没有忠诚无法建立，没有信任无法稳固。"信任是成就自己、成就别人、成就团队、成就民族、成就国家的中坚力量，一刻也不能丢弃。

如果事与愿违，就相信上天一定另有安排。所有失去的，都会以另一种方式归来。相信自己，相信世间不会亏待你。

▶ 相信的力量

不要因为没有掌声就放弃梦想。

人生没有彩排，

每天都是现场直播。

星光不问赶路人，

时光不负有心人。

保持乐观积极的情绪，

逆着阳光，一路向前！

只要你一直在前行，

余生将会有很多可能。

> 一切始于心，终于心。

七　心流：你若安好，便是晴天

财的背后是事，把事做好，财自来。

事的背后是人，把人做好，事自成。

人的背后是命，把生命的维度修好，自有好运。

命的背后是道，有一颗助人的心，就是正道。

欲成事，先修心。心有一切有，心无一切无。

心的问题，不但是人生中的一个根本问题，也是当今世界上一个极其重要的问题，更可以说是挽救世界、拯救人类的一个根本问题。

西方文化与东方文化的分水岭，就是一个注重形体世界物质世界，一个注重精神世界心性世界。前者过度发达的结果，使得科学文明与物质文明一日千里，从而淹没了后者以往数千年累积下来的文化成就。一旦科学、智能、工业、物质统治了世界，人类也就成了科学、智能、工业、物质的奴隶，因而使得每个人失去了自己，失去了人之所以成为人的一面。

1. 向内心寻求“自我”

折磨你的从来不是任何人的情绪，而是心存幻想的期待。

世间万物都在治愈你，唯独你不肯放过自己。

人之所以成为人，进而成为超人、圣人，不在于外在的成就，而是内心的成就；不在于外在物质享受的程度，而在于内心精神享受的高尚。

老子之后没有老子，孔子之后没有孔子，佛陀之后没有佛陀，他们的成就之所以高不可及，就是他们的成就在精神领域、心性领域中，而不是在物质领域、科学领域中。

欲成大器，先破三贼：坐中静，破焦虑之贼；舍中得，破欲望之贼；事上练，破犹豫之贼。破山中贼易，破心中贼难。三贼皆破，万事可成。

一个人要完成“自我”，就要在“自我”上面寻求，在“自我”的内心寻求，也就是心性上、精神上寻求。

关于这方面的成就，我们可以称之为“人格世界”或“道德世界”。这是与知识或科学的不同之处，要靠自我创造、自我修养得到，别人无法盗用无法继承。这是孔子之所以比尧舜贤良，而千百年来，没有再出现与老子、孔子、庄子比肩的人物，正是这个道理。

世界在物质方面的发展，随着人类知识的继承而日趋进步，再加上科学使物质文明流行天下，从而促使人类逐渐迷失在这个外在的“形体世界”中，不知返回到内在的自我心性与精神上寻求安慰、满足、成就，以至丧失了“自我”“真我”，做不到自我知觉、自我省悟，反之错误地认为世界文化原本如此，这不是巨大的悲哀吗？

实际上，人类文化的整体，应该是精神与物质的两面，两面合成才能构成完美无缺的整体。精神文明发展的速度，赶不上物质文明发展的速度，于是这成了人类进化的一个弊端。这个弊端造成的结果，容易让人类陷于自我毁灭的境地，使“世界末日”真正降临。

我们今天要挽救人类不陷入世界末日，挽救人类面临的厄运，只有用东方文化来弥补西方文化的缺陷，使二者均衡发展，加强自控力，返回到自我内心上的追求、精神上的追求，使自己不至成为物质的奴隶、名利的奴隶、金钱的奴隶、外在“形器世界”的奴隶，安心做好一个“人”，才能收到补偏救弊、起死回生的效力。

孟子说：“人和禽兽的差异就那么一点儿。”讲的就是，人有他自己的内心世界和精神世界，可以超越自我而成为超人，成为圣人；禽兽只有一个形体世界与物质世界，完全不能超越自我，而取得其他较高的成就。

2. 心是人的主宰

佛为心，道为骨，儒为表，大度看世界；技在手，能在身，思在脑，从容过生活；三千年读史，不外功名利禄；九万里悟道，终归诗酒田园。

身着白衣，心有锦缎。心是人的主宰，进而成为天地万物的主宰。

心为万能之本，可以塑造一个人，也可以塑造天地万物。心要仁，仁就到了；心要义，义就到了；心要善，善就到了；心要恶，恶就到了。

心之所至，金石为开，天地为应，神鬼为感。做圣人，做君子，做小人，做恶魔，无不是因心而成。即使是三千大千世界与天堂地狱，也是因心而成。

要肯定一颗心的本体究竟是什么，很难用一个简单的适当的词来概括。佛家称这颗心的本体是“真心”，他们说的“明心”，在去其妄心、识心、尘心，而得到真心。

儒家称这颗心的本体是“本心”，他们说的“正心”“尽心”，在去其偏心、伪心、人心，而得到本心。

道家称这颗心的本体是“道心”，他们说的“真心”，在去其凡心、世心、物心，而得到道心。三家言语有别，名称有异，主要还是一颗心。

心为万能之本，也是万恶之源，它可以引导人走向正道，也可以引导人走向邪道；它可以引导人向善，也可以引导人做恶；它可以引导人进入天堂，也可以引导人走向地狱。是成为圣人，还是成为禽兽，都是以这颗心做种子。

所以心是人的主宰，善恶都以这颗心为主宰，去其不善，而存其善，是千古圣人坚持的大道。

3. 人心贵在存养

人生两大悲剧：一是万念俱灰，二是踌躇满志。

一个人的成就大不过他的梦想，一个人的梦想大不过他的所见所闻。

人这一辈子，就是一个过程。没有永远盛开的花，也没有不老的青春，时间一到，该老的老，该走的走。我们终究只是时间的过客。既是过客，又何必执着。

珍惜所有不期而遇，看淡所有不辞而别。尽人事，听天命。人生除了生死，其他都是小事。

幸福就是心灵美好、深情、境界开阔，走向人生更高的境界，做一个快乐的人。

王阳明说：“无善无恶心之体，有善有恶意之动，知善知恶是良知，为善为恶是格物。”

大其心，容天下之物；虚其心，受天下之善；平其心，论天下之事；定其心，应天下之变。

心小了，所有的小事就大了；心大了，所有的大事就小了。心有一切有，心无一切无，一切唯心造。

天地以人为主宰，人以心为主宰。天地之所以为天地，因为有人；人之所以为人，因为有心。心的伟大可以无限，所以人的伟大也可以无限。

朱熹说：“普通人的心，不保存就会丢失，从来没有不保存而不丢失的事情。”所以说人心贵在存养。

存养这颗心，也就是安排这颗心。必须先安排好这颗心，才能安排好人生，安排好世界，这样就有“日暖风和草自幽”与“万顷波中得自由”的境界，才能有“在沂水里沐浴，到舞雩台上吹风，然后唱着歌儿回家”的心灵洒脱。不然，就会“云月相同，溪山各异”，而“一片芳心造成绪，人间没个安排处”了。

▶ 相信的力量

一件事情是好事，还是坏事；
一个行为是行善，还是作恶，
关键看发心。
如果发的是恶心，
就算结局皆大欢喜，
也算不得是好事。
如果发的是善心，
就算结局不尽人意，
也算得上功德一件。

思路决定出路，
格局决定结局。

八 格局：世界永远不缺聪明人

你若盛开，蝴蝶自来；你若精彩，天自安排。

决定成功的是细节，而决定失败的是格局。

谋大事者，首重格局。格局是眼光、胸襟、胆识的内在布局。大格局，即以大视角切入人生，力求站得更高、看得更远、做得更大。格局大了，未来的路才好走！

有句话说得好：境界未曾言说，格局已分高下。做人，可以不完美，但不能没格局，格局大了，生活就顺了。

什么是格局？漫画家丰子恺说："心小了，小事就大了；心大了，大事都小了；看淡世间沧桑，内心安然无恙。"

从八十楼往下看，全是美景；如果从二楼往下看，全是垃圾。人若没有高度，看到的全是问题；人若没有格局，看到的都是鸡毛蒜皮。

大其心，容天下之物；虚其心，爱天下之善；平其心，论天下之事；定其心，应天下之变。大事难事看担当，逆境顺境看胸襟，有舍有得看智慧，是成是败看坚持。格局，并非虚无缥缈，在做人做事的细节里，就藏着格局。

1. 格局决定一个人的结局

看人之短，天下无一人可交；看人之长，天下人皆为吾师。看人之长，容人之短，度人者，人神度之！

宋朝苏轼《后赤壁赋》中有一句话："山高月小，水落石出。"在高山的反衬下月亮就变小，当水落下石子就显露出来。

人也一样。当失意遭难、山穷水尽时，最能显露一个人的真实面貌——气度变大，抱怨就变小；胸襟变宽，路就变广；格局够大，问题就消失不见。

有个国王在墙上画了一条线后，问身边人："谁能在不触碰这条线的情况下，让它变细一点？"大家都觉得不可能！然而，有一位智者走到墙边，在旁边画了一条比较粗的线，那条较粗的线并没有触碰到原来那条线，但当那条较粗的线被画出来时，第一条线就变细了。

山高，让你感觉到月小，但其实月亮并没有变小，还是一样大；水枯，让石头露出水面，但其实石头并没有移动，还是停在那里。不管遇到任何难题，你还是你。

人生的局面在你怎么看自己、在你所认识的人、在你说的每句话、在你给人的感觉、在你做事的态度、在你经历的遭遇、在你的每个念头、在你的所作所为。你需要的是"画出一条更粗的线"。

箭，本身没有劲道，可是放在拉满的弓上射出去，就可以射得很远；湖水看起来是静止的，可让它决堤往谷底一泻，石破天惊。看一个人的结局，就在格局。

春秋时期，魏文侯有一回乘车，恰巧经过段干木居住的巷子，他见后立刻起身，对着巷子作揖。

随从看着他奇怪的举动，不解地问："您无缘无故为何行礼？"

魏文侯说：“我在向贤士段干木行礼。他在德行上显耀，我只是在地位上显耀；他在人格上富足，我只是在物质上富足，我哪里有资格对他傲慢无礼？”

随从还是很纳闷：“可您再恭敬，人家也看不见啊！”魏文侯说：“无须他看见，我只想表达我的敬意。”

一位国家的君主，愿意放低姿态，在贤士的门口敬礼，这是一种格局。大境界才有大胸怀，大格局才有大作为。

《史记》中说：“士无贤不肖，入朝见疑。”优秀的人，无论贤与不贤，一旦走上仕途，都难免会遭到质疑，不被重用。唯有大格局的人，才会清醒地看待自己，找出自己的不足，从而发自心底地去尊重他人。

2. 懂得宽恕他人的过错

看一个人的身价，要看他的对手；看一个人的品格，要看他的好友。

看一个人是否好命，要看跟谁比；看一个人是不是人才，要看放在哪个位置上。

看一个人能爬多高，要看他根基有多深；看一个人能装进多少，要看他空掉多少。

看一个人有没有自信，要看他是否真的相信；看一个人能否渡过难关，要看他的人生观。

看一个人能否达成愿望，要看他能否克服欲望；看一个人能否成就大事，要看他是否注意小事。

看一个人是否成功，不是看他赢了多少人，要看他成就了多少人；看一个人的成就，要看他有多大格局。

不管是侮辱、批评、攻击，还是得失、成败，对一个心胸开阔、有大器量的人来说，他的内心就像一个大湖，你丢进去一支火把，它很快就会熄灭；你丢进去一包盐，它很快就会被稀释。

反过来，如果你把一大把盐倒入一杯水中，这杯水还能喝下去吗？为什么有些人遇到一点小问题、小困难，就那么容易生气、挫败、难以消受？答案是因为：格局太小。

西汉时的韩信，是淮阴人，早年家里贫穷，没事干就到城外钓鱼。有个屠夫侮辱韩信说："你虽然又高又大，喜欢佩带长剑，其实内心怯懦得很。"他当众说："你敢杀人吗？若你敢杀人，就先杀了我。若不敢杀人，就从我裤裆下钻过去。"

韩信看看周围，什么都没说，就俯身从屠夫的裤裆下爬了过去。整个街道的人都嘲笑韩信懦弱。

后来，夏侯婴向汉王刘邦说起韩信，开始时刘邦不了解他，他就逃走了。萧何连夜亲自追上韩信，并对刘邦说："韩信是无双的国士，你要争得天下，非有韩信不可。请您选一个好日子封他为大将军，要斋戒、设立坛位，完备礼数才行。"刘邦答应了萧何。随后登坛拜将，封韩信为大将军。

刘邦取得天下，宴请群臣时说："联合百万兵士，战斗就一定胜利，进攻就一定得到，这方面我不如韩信。这是个人杰啊！"

韩信经过当年那个肉铺时，找来侮辱他的屠夫说："你曾经侮辱过我，现在还敢这么做吗？"屠夫吓得求韩信饶命，韩信不计前嫌，对随从说："这是个壮士。在他侮辱我的时候，难道我不能杀了他吗？但杀人有什么用呢？所以我忍受了那种屈辱。"

《燕山夜话》里说："君子忍人所不能忍，容人所不能容。"

宰相肚里能撑船，将军头上能跑马。韩信放下了胯下之辱，若不是有大的格局，绝难办到。

人活一世，难免会遭受伤害，选择原谅还是仇恨，往往取决于格局的大小。

对于过往的伤痛，耿耿于怀其实无济于事，反而还会将自己困于情绪的囚笼之中。

真正有格局的人，懂得宽恕他人的过错，成就的，是更强大的自我。

3. 得宽怀处且宽怀

欲成大器者有八律：觉人之诈，不愤于言；受人之侮，不动于色；察人之过，不扬于他；施人之惠，不记于心；受人之恩，铭记于心；受人之鱼，而学之渔；识人之才，授之于权；善于谋人，有容乃大。

寒山问："世人谤我、欺我、辱我、笑我、轻我、贱我、恶我、骗我，如何处治乎？"

拾得回："只是忍他、让他、由他、避他、耐他、敬他、不要理他，再待几日你且看他。"

寒山又问："还有什么秘诀可以躲得过去？"

拾得回："我曾看过弥勒菩萨偈，你且听我念偈曰：'有人骂老拙，老拙只说好；有人打老拙，老拙自睡倒。涕唾在面上，随它自干了，我也省气力，他也无烦恼。'"

许多寺庙里，都有这样一尊菩萨——弥勒佛。他的原名为"当来下生弥勒尊佛"，代表充满希望和喜悦的未来。弥勒佛袒胸露腹，肚子滚圆凸出，笑口常开，表现了他的格局。

传说弥勒佛曾来到中国，化身为布袋和尚契此。契此生得矮胖，肚子奇大，经常用根竹杖挑着一个大布袋，在闹市中频频出现，面带笑容，四处化缘。布袋和尚的生活态度表现了人生的达观与宽厚。他圆寂后，人们便根据他的样子来雕塑弥勒的圣像。弥勒佛像通过象征式语言，表达了深奥的弥勒法门：笑容表现了对未来的希望和愉悦的心情，方耳象征着福气，大肚表示宽厚能容。

泰山不拒抔土，故能成其高；江海不拒细流，故能成其大。为人不必过于刻薄，得宽怀处且宽怀，何愁双眉抻不开。

孔子说："君子坦荡荡，小人长戚戚。"坦即平，荡即宽，平坦宽荡，心宽体胖，才能寝食无忧。与人交而无怨，是应有的格局。

十年饮冰，难凉热血。世界如此艰难，大部分的人和事都不会完美。不论是患难之交、亲朋好友，还是金玉良缘、模范丈夫，都是相对而言。他们的痛苦、烦恼常被掩盖在成功的光环下，而掩盖的工具恰恰是宽容。不必羡慕别人，不要苛求自己，常用宽容的眼光看世界，爱情、事业、家庭才能稳定长久。

▶ 相信的力量

将军有剑，不斩草蝇。
遇无聊之人，不与其争。
遇无奈之事，及时抽身。
人若没有高度，
看到的都是问题。
人若没有格局，
心中全是鸡毛蒜皮。
格局大的人都懂得一个道理：
有怎样的格局，
就有怎样的命运！

> 你的气场，
> 终将成就独一无二的自己。

九 气场：影响力价值百万

一个人遇事的第一反应里，藏着他的见识、品格和修养。

稻盛和夫说："说话只要声音一低，你的声音就会有磁性；说话只要一慢，你就会有气势；你敢停顿，就能显示出权威。任何时候都不要紧张，永远展现出舒适放松的状态，把任何想接触的人当成老朋友交谈就行了。这就是社交的魅力。"

对于某些人来说，有一种个人力量或者影响力存在，这种力量可以使得拥有它的人吸引、影响、支配乃至控制其他人。人类古老的著作中也记载过一些人拥有这种奇怪、神秘的力量，能够吸引或者影响他人。

许多典籍和各类记载，不断提及这种奇特的个人力量，但是，很多普通人并不了解这种力量。但是，对于一些十分超前的个人来说，他们完全理解并运用了这种强大的力量。这些人具备这种知识，并且将知识传递给他们的学生。

历史上许多伟大的人物就获得了类似的全面知识，并且利用这些知识扩大自身利益。伟人们可能是获得了不知名教师的直接指导，也有可能是他们偶然发现了自身存在的这种力量，然后通过细致的调查与研究，以及不断的实验，加深了他们对这一知识的了解。通过他们留下的著作或言语，我们就能够发现他们中的许多人已经证明了气场的神奇力量。

《气场》一书中说："每个人都拥有一定程度的气场，每个人都能通过学习与练习加强、提高这一力量。"气场，就是心灵的感应场，就是影响力。

气场，是一种磁场。气场综合反映了一个人的学识，表现了一个人的心态，更透露了一个人的素养。气场决定命运。

1. 气场只许英雄有

气场，是一个人行走的名片。

有人穿金戴银却满脸丧气，有人身处纷争却一身静气，有人外表温弱却充满锐气，有人生于贫困不失骨气，有人身处逆境却不忘志气。

气场，看不清，摸不到，却是一个人的精神内核，发挥着巨大的能量。

每个普通人，都要培养一种气场；成大事者，更应修炼强大的气场。没有英雄的气场，就开创不了英雄的事业；没有圣人的气场，就开创不了圣人的事业。

孔子说："君子向上去通达仁义，小人向下去通达财利。"

向上通达仁义的人，经常怀有高世绝俗、超尘出众的思虑，所以容易让人感受到气场；向下通达财利的人，经常怀有随波逐流、俯仰由人的想法，所以很少让人感受到气场。

俗话说："气场只许英雄有，凡庸不予半毫分。"举世滔滔，只看到普通生命的流动，难看到英雄气场的流行。

气场是天机的反射，是抱负的流露，蕴藏强大的生命力和精神力。一个人缺少气场，容易流于自大和自夸。小人常表现出自大狂和自夸狂，所以能让人一眼看出他缺少气场。

我们接触一个人，就能看出他的气场；我们看到一种气场，就能想象那个人的成就。所以，只有修炼一种不同凡响的气场，才能成为一个不同凡响的人物。

孔子来到宋国，宋国的司马桓魋因害怕国君重用孔子，扬言要杀他。孔子的子弟催促孔子离开宋国，然而孔子却处之泰然，说：“老天爷将德才赋予了我，桓魋能把我怎样？”

孔子经过匡邑时，因被匡人误解而遭围困。当时孔子的弟子们十分着急，而孔子却不动声色、毫不畏惧，反而说：“文王去世以后，礼乐典制不都在我这里吗？老天要灭绝这些文化，我也就不会掌握它了。如果老天不想使这些东西灭绝，匡人又能将我怎样呢？”这是孔子的气场。

公孙丑问孟子：“您擅长的是什么？”孟子回答说：“我懂得言语的诀窍，我善于培养自己的浩然之气。”

景春问孟子：“公孙衍、张仪难道不算是真正的大丈夫吗？他们一发起怒来诸侯就感到畏惧，一平静下来天下就能太平。”孟子回答说：“这样的人也能称大丈夫吗？得志时同人民一起走天下最宽广的大道，不得志时独自一人走自己的路；富贵时不可迷乱，贫贱时不可动摇，权势强横也不可屈服，这样的人才能称为大丈夫。”

孟子在离开齐国时，充虞问：“先生好像有些不愉快的样子。从前我听先生说过：‘君子不怨恨上天，不怪罪人。’”孟子回答说：“从前是从前，现在是现在。从古至今，每相距五百年就有个统一天下的圣君出现，在这段时期里还有名噪一世的杰出者出现。自周朝以后，已经有七百多年了。从这段时期来看，已超过了五百年；从时期上来考察，也应该有圣君贤相出现了。这是上天不想使天下平治而已；要想使天下得到平安，当今的世道，除了我还有哪个呢？我怎么感到不愉快？”

孟子又说：“等到文王出来后才奋发的人，是平民百姓。而豪杰之士，就是没有文王出来，也同样奋发。”在这里，可以看到孟子的气场。这种浩然的志向、浩然的气场，自尊、自信，千百年后，仍能让人感受到强大气势。

2. 由内而外散发自身能量

生活就是一个展示接着另一个展示的过程。我们的意识一直在发展，我们的力量也一直在增加，一切力量源自内在，能让我们更有气场的人只能是自己。

不要只满足于做一个普普通通的人，也不要满足于做任何人都能做的事，尝试着做一些超越平常人能力的事情，开发自身潜力。

只有给别人留下美好的印象或是影响了周围的人，才会变成一个真正有气场的人。

曾子说：“晋国和楚国的财富，没有人赶得上。不过，他有他的财富，我有我的仁德；他有他的爵位，我有我的道义。我有什么不如他的呢？”仁德足以抗衡国家的财富，道义足以抵御王侯的爵位。他的财富在那，我的仁德在这；他的成就在那，我的成就在这；他凭什么就能轻慢我，我又凭什么畏惧他？轻视王侯和爵位，依靠仁德道义，我们能看出曾子生命的光辉。

北宋理学家程颢有一句诗写道：“富贵不淫贫贱乐，男儿到此是英雄。”英雄豪杰，不只是在富贵功名中看到，在市井闾阎中，贩夫走卒、深山隐士里，用心寻找都能找到他们。

所以陆游有诗说：“志士栖山恨不深，人知已是负初衷。不须先说严光辈，直自巢由错到今！”在大师、隐士心中，另有天地，另有世界。

在生活中与强势的人接触时，我们会有意识地感觉到他们浑身散发着力量。那些人通过自身的气场，强势地压制别人而取得成功，比如领导者、企业家、律师、演说家、主持人等。他们能确确实实地感受到自身散发出的能量。

这种能量不单纯是智力上的优越，相反，这种力量包含的更多是从身体上散发出来的力量。世界上一些伟人身上的这种力量极其强大，似乎他们已经变成了力量的化身。他们是活力的中心，并用这种力量影响着周围与他们相接触的每一个人。

3. 各个时代的强者气场

形象一定要走在能力前面，不然能力就容易被低估。先敬罗衣后敬人，先敬皮囊后敬魂。

人的气场可以分成三层：由外到内分别是物理场、生理场和心理场。物理场体现对周围环境的把控程度；生理场是言谈举止、仪容仪表；心理场是内部经验系统。

历朝历代的气场

西周初年有歌谣唱道："普天之下，莫非王土；率土之滨，莫非王臣。"这句话后来编入《诗经》，意思是：天下的土地，都是君主的土地。有土地的地方上的人，也都是君主的子民。

秦始皇兼并六国、统一天下后，对丞相、御史研议帝号作出结论时说："朕统六国，天下归一，筑长城以镇九州龙脉，卫我大秦，护我社稷。朕以始皇帝之名在此立誓：朕在当守土开疆，扫平四夷，定我大秦万世之基；朕亡，亦将身化龙魂，佑我华夏永世不衰。此誓，日月为证，天地共鉴，仙魔鬼神共听之。"这段话充分表现了秦始皇称雄于历史和护佑华夏的霸气。后来更有人总结道：

“赳赳老秦，共赴国难；血不流干，誓不休战。”

汉高祖刘邦第一次见到秦始皇时说：“大丈夫，就应该这样啊！”楚霸王项羽第一次见到秦始皇时说：“我可以取而代之。”

汉朝陈汤说：“犯我大汉天威者，虽远必诛。”霍去病说：“匈奴未灭，何以家为？”班彪说：“凡日月所照，皆为汉土；江河所至，皆为汉臣。”

曹操晚年自我评价说：“宁可我负天下人，不可天下人负我。”他和刘备一起饮酒，举起筷子说：“天下英雄，只有你和我罢了！”

《晋书》中记载晋武帝司马炎说的话：“抚宁万国，绥静四方！”司马炎登基后实行仁政，一时间国内太平，出现太康盛世的景象。

隋朝向天下宣言：“四方胡虏，凡有敢犯者，必亡其国，灭其种，绝其苗裔。”

大唐盛世标语：“内外诸夷，凡敢称兵者皆斩！”

宋太祖赵匡胤建国后，攻打南唐后主李煜，李煜派徐铉到汴京求和。宋太祖一手按住利剑，怒气冲冲地说：“天下一家，卧榻之侧，岂容他人鼾睡乎！”宋代历史学家更是呼喊：“一寸山河一寸血！吾纵亡国灭种，誓不与贼共立！”

成吉思汗西征时，给花剌子模国王送去战书说：“尔要战，便战！”

朱元璋为了恢复汉室江山，推翻当时蒙古人的统治，在《喻中原檄》一文中说：“驱逐胡虏，恢复中华，立纪陈纲，救济斯民。”明成祖朱棣拒绝外族入侵时说：“无汉之和亲，无唐之结盟，无宋之纳岁薄币，亦无兄弟敌国之礼。”后来更有帝王说：“天子守国门，君王死社稷！义武奋扬，跳梁者虽强必戮，退出长城，保尔全尸。”

清朝光绪帝在接受维新变法的主张后，对大学士孙家鼐说：

“吾变法但欲救民耳，苟能救民，君权之替不替何计焉？”意思是：我变法是为了救万民。如果能救万民，改朝换代又有什么关系？表明支持变法的决心。

学者大师的气场

“将来定会有一位大智慧者，他能说个一清二楚。”这是庄周著《庄子》时的气场。“把著作藏在名山，传给志趣相投的人。”这是司马迁著《史记》时的气场。

“我做的这些事，写的《春秋》这本书，后人一定会毁誉不一、褒贬不一的，但我只要认为这是对的，是有价值的，不论别人如何评说，我都会坚定地做下去！”这是孔子作《春秋》时的气场。

片言高万世，一字足千秋。身为文人没有大气场，不能自知尊重和尊贵，往往就会被人轻视，被人怠慢。

宋代大家张载一生主张实学，强调经世致用，他为后人留下了惊世的横渠四句：“为天地立心，为生民立命，为往圣继绝学，为万世开太平。”这四句冠绝古今，普通人的能力有限，要做到很难，但心中有追求，虽不能至，然心向之，能做到一点点，那就努力去做！

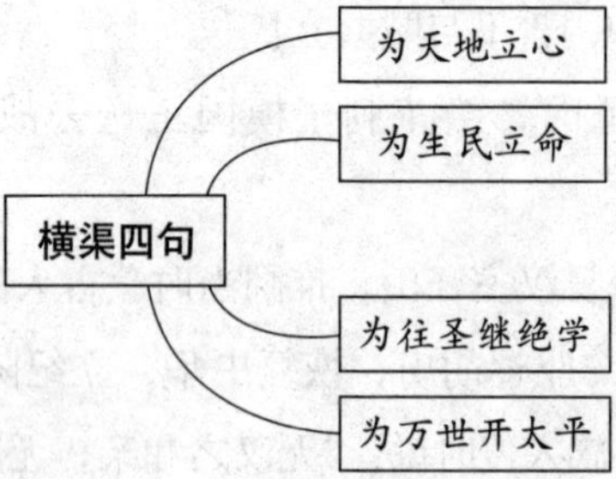

横渠四句

“先天下之忧而忧，后天下之乐而乐。”这是范仲淹的气场。

他从做秀才时起，就以天下为己任，最终能为人所不能为，成人所不能成。

“昂首攀南斗，翻身依北辰。举头天外望，无我这般人。”“东海诞生圣人，心是一样的，理是一样的；西海诞生圣人，心是一样的，理是一样的；南海北海诞生圣人，心是一样的，理是一样的；五千年之前诞生的圣人，心是一样的，理是一样的；五千年之后诞生的圣人，心是一样的，理是一样的。”这是陆九渊的气场。一个思想家就要有这种担当，就要有这种气场。

“前不见古人，后不见来者，念天地之悠悠，独怆然而涕下！”这是陈子昂的气场，也是一个独来独往于天地之间的诗人的气场。登台远眺，只见茫茫宇宙，天长地久，不禁感到孤单寂寞，悲从中来，怆然流泪。

文天祥说：“人生自古谁无死，留取丹心照汗青。”历史上的英雄人物，都能从一两句言语中感受气场，能从气场中想象其人形象，至今看来，依然霸气侧漏，气场如云。

“众生无边誓愿度，烦恼无尽誓愿断，法门无量誓愿学，佛道无上誓愿成。”这是禅宗六祖慧能大师的气场。要成为一名佛教祖师，就要有这种气场。

“我不入地狱，谁入地狱。”这是地藏王菩萨的气场。“丈夫自有冲天志，不向如来行处行。”这是禅宗大德的气场。

“山，快马加鞭未下鞍。惊回首，离天三尺三。”这首小令彰显出一往无前，又势如破竹的气场。在英雄的红军看来，没有什么不可克服的困难，也没有任何障碍可以阻挡他们前进的脚步。而当战士们度过了重重危机，翻越了层层高山，回首曾经走过的路，自己也感到惊诧。

以上列举的这些名人金句，从句子里能看到其人的气场，也能从气场里想象其人形象。天下英雄豪杰，都是如此。

强大的气场是一个人的存在感和吸引力之所在，是他身上无与伦比的光环。

做人，要有一种刚强浩大的气场，然后用尽全力去修炼这种气场。做英雄豪杰，更要有“在当今这个世界上，除了我还有谁”的气场；要有一种“世上的人都来称赞，也不因此就特别奋勉；世上的人都来诽谤，也不因此就感到沮丧”的气场；要有一种“人言不足以忧虑，天地不足以害怕，祖宗不足以效法，是非不足以依赖凭借，成败不足以惋惜，生死不足以计较”的气场。

目标确定后，就像高山上的瀑布，气势磅礴，令人震撼。这种超越天地，冠盖古今的气场，首先要大彻大悟，其次要功力深厚，再用浩然之气做基础，才能达到“不鸣则已，一鸣惊人；不飞则已，一飞冲天”的高度。

▶ 相信的力量

青春是气贯长虹，
勇锐盖过怯懦，
进取压倒苟安。
有志者事竟成，
破釜沉舟，百二秦关终属楚；
苦心人天不负，
卧薪尝胆，三千越甲可吞吴。
只身前行，却仿佛带着一万雄兵。
本自狂妄，笑天下可笑之事。

欲成大树，莫与草争。

十　气度：成为更受欢迎的人

别和过去的事过不去，因为它已经过去；别和现在的事过不去，因为还得过下去。

人的内心犹如一座能量场，里面隐藏着自信、豁达、愉悦、进取等正能量，更暗含着自私、猜疑、沮丧、消沉等负能量。这两种能量，可以说是此消彼长的关系。

子贡问孔子：“人应该如何为官呢？”孔子回答说：“水至清则无鱼，人至察则无徒。”

意思是水太清了，鱼就无法生存，要求别人太严了，就没有伙伴。现在有时用来表示对人或物不可要求太高。

所以，要尽量能容人之短，只有这样，才能赢得下属的尊敬，赢得更多的朋友，成为更受欢迎的人。

一个人，眼里容不下别人，心里容不下事物，胸怀容不下世界，如何开创基业，成就事业？容得下别人，容得下事物，容得下世界，就是气度。

1. 气度大，容量大，成就也大

人与人之间最好的相处模式，尊重是标配，靠谱是高配，厚道是顶配。

气度超过别人，才能容纳别人；气度超过事物，才能容纳事物；气度超过世界，才能容纳世界；气度超过天地，才能容纳天地。与人为善，与己为善，用人成事，用世立功，有容量才有支持，这个容量就在于气度。

气度大的人，容量大，成就也大；气度小的人，容量小，成就也小。容量大，能用的东西也就大；容量大，能用的东西也就小。

宋代邵雍去世前，摊开双手，告诉程颐："要经常拓宽自家门前的路，如果路太窄，自己都难以转身，又怎么能够让别人去走呢？"此为学者向学者解说学术界的事，推而及之，领导用人管人不也是这样吗？

容得下一家人，一家人就能为己所用；容得下一群人，一群人就能为己所用；容得下一国人，一国人就能为己所用；容得下天下人，天下人就能为己所用。用一家人的力量去对抗天下人，成败结局不言而喻。

庄子说："无所作为就是顺应天道，无所教化就是顺应天性，对人和物施加慈爱和恩惠就是仁，让各类事物回归同一的本性就叫作大，行为不与大众相异就叫作宽，能够包容世间万物就叫作富。""需要像天那样无私地覆盖万物，像地那样无私地承载万物，像日月那样无私地照耀万物。"这是成就巨大成就并使其悠久的根本。做人艺术和领导艺术，也就是无私覆载、无私照临的艺术。

2. 毋意，毋必，毋固，毋我

倚富欺贫之人不可近，口是心非之人不可结，时运未至之人不可贱，不知高低之人不可理，翻脸无情之人不可交，嗜酒不正之人不可请，说长道短之人不可敬，年高有德之人不可慢，读书明理之人不可轻，忠厚老实之人不可哄，哑聋眼盲之人不可戏，鳏寡孤独之人不可欺。

气度，是人的气魄与风度，形容人气度非凡；气度，也是人心理素质的表现形式；气度，是决定人成败的重要因素。一个人好的气度，能够体现在人的素质、精神、品质、修养、学识等诸多方面。

如何养成伟大无比的气度？首先要从学术上培养。学术上前无古人，后无来者，气度也就前无古人，后无来者。学术压倒天地，包容宇宙，哪有不能容人、容物、容世的道理？学问深，积累厚，知见远，这样就能气度恢宏，胸怀阔达。

其次要在心中不只是看到一个“我”字，保存一个“私”字。《论语》上说“子绝四：毋意，毋必，毋固，毋我。”意思是说孔子杜绝了四种毛病：不凭空臆测，不武断绝对，不固执拘泥，不自以为是。这四点，孔子深恶痛绝，究其原因是它们阻碍了气度恢宏阔达的圣人气象。

有许多天才的领导者，本来可以成大事立大业，却摔倒在前进道路的中途，就是犯了“意必固我”的毛病。

英雄人物，跟常人比起来更容易犯这四种毛病。因为他的胸中总是有一个“我”存在，由于他的禀赋异于常人，所以自我感觉良好，这就是有“我”的毛病。

明代思想家薛瑄说：“一个人最大的毛病，就是心中只有自己。所以他处处计较，凡事只想自己富有，只想自己尊贵，只想自己平安，只想自己快乐，只想自己生存，只想自己长寿。一个人如果对贫穷、卑贱、危难、痛苦、死亡没有怜悯体恤之心，世界上将没有生机，天理也将灭绝。这样，一个人虽然有人的形体，但和禽兽没有区别。如果一个人戒掉‘只有自己’的毛病，天地就会清朗，无论他是贫贱富贵，还是快乐寿夭，都能与人共存，这样世间所有人都会得偿所愿，天下和谐。”

一个人做到没有“我”，自然就不会凭空臆测、武断绝对、固执拘泥了。

凭空臆测、武断绝对、固执拘泥的毛病，就是因为自以为是。一个人心中只有自己，不是“自认为聪明，了不起”，就是“愚笨，且自以为是”。

自以为是的人，是孤立的，得不到同情和支持。

法国启蒙思想家狄德罗说：“人不能孤立，孤立就危险。”一个人孤立，一个人就危险；一个家庭孤立，一个家庭就危险；一个国家孤立，一个国家就危险。

古希腊哲学家苏格拉底说：“真正高明的人，就是善于借用别人的智慧。”这句话的意思是，你不能仅依恃自己的智慧。

老子说：“不只是看到自己，便能更明了世事；不自以为是，反而更能彰显自己；不自我夸耀，反而能成就功业；不自高自大，所以能长期有所长进。”不用自己而任用别人，不容自己而宽容别人，不失去自己而保存自己，这是一种领导艺术。

老子又说：“圣人常常是没有私心的，以百姓的心为自己的心。对于善良的人，我善待于他；对于不善良的人，我也善待他，这样就可以得到善良了，从而使人人向善。对于守信的人，我信任他；对不守信的人，我也信任他，这样可以得到诚信了，从而使人人守信。有道的圣人在其位，收敛自己的欲意，使天下的心思归于浑朴。百姓们都专注于自己的耳目聪明，有道的人使他们都回到婴孩般纯朴的状态。”“因此，圣人经常挽救人，所以没有被遗弃的人；经常善于物尽其用，所以没有被废弃的物品。这就叫作内藏着的聪明智慧。”这就是大气度，这就是大气象！

3. 培养大度的智慧

浅水喧闹，深潭无波。

有价值的社交，首先是深度，其次是广度。

人生最好的状态是：知世故而不世故，历圆滑而弥天真，明现实而不势利，善自嘲而不嘲人。

容得下天下，就是领导气象；容得下天地，就是圣人气象。不论亲疏、好恶、敌我，不论智愚、良莠、贤庸，都能大度宽容，就会受到别人的拥戴和爱护。

天下的学问，不是一个人的智慧就能学到；天下的事情，不是一个人的力量就能办到；大海，不是一条河的水就能灌满；高山，不是一筐沙土就能堆积。天地有宽容的气量，成大事也要有宽大的气量。

有人说："面积超过天下然后能容纳天下，度量超过天下然后能利用天下，智慧超过天下然后能改变天下，正气超过天下然后能托举天下。"

气度两个字，也就是大量、雅量、容量和气量。修炼的法则，在于戒除嫉妒、戒除抱怨，能宽恕、能忍让，就会包涵、宽容，而不与人斤斤计较。

秦始皇嬴政刚执政时，曾经下令驱逐六国在秦国做官的人。李斯是楚国人，也在被驱逐之列。

李斯在离开秦国的途中，给秦王写了一封信，这就是中国历史上鼎鼎大名的《谏逐客书》。

在信中，李斯向嬴政提出三点意见：第一，李斯说，客卿对于秦国是立有大功的。秦穆公、孝公、惠王、昭王等先公，大胆举用百里奚、商鞅、张仪等一批出身六国的大臣而建立丰功伟业。第二，逐客是重物轻人。六国的宝物秦国都要，六国的美女秦王都纳，难道六国的人才秦国不需要么？第三，逐客是帮助六国。人才是稀缺资源，如不能在秦国施展，必定去六国施展。把人才赶到六国，不利于秦国统一，称霸海内。

《谏逐客书》呈上之后，嬴政立即下令停止逐客，并将之前被驱逐的客卿全部召了回来。

这里能看到秦王嬴政是很有魄力、很有魅力的人：首先，他有胸怀，有统一天下的胸怀，求贤若渴，虚心纳谏；其次，有眼光，有识人之明；再次，有度量，收回成命意味着承认自己做错了，位居君王还可以认错改错，极其难得。

明代学者吕坤说："学者最大的毛病和痛苦，就是气度太小。"英雄豪杰正是如此。一个人必须有"宁可让我来包容天下人，不可让天下人来包容我"的认知和度量，才能体现他的大度和大量。

《论语》中的"对别人的冒犯不加计较"，《唐书》中的"不去擦别人吐到自己脸上的唾沫，而让它自己干掉"，佛祖释迦牟尼说的"忍辱"，这都是培养大度的传统智慧。

4. 难忍能忍，难容能容

成功的人，有本事没脾气；普通的人，有本事有脾气；失败的人，没本事大脾气。

元代学者许名奎写过一本《劝忍百箴》，在作者看来，"忍"不但是一种气度，更是一种智慧。一个人只有容纳别人不能容纳的，忍耐别人不能忍耐的，宽恕别人不能宽恕的，忘却别人不能忘却的，才能管理别人不能管理的，从事别人不能从事的，成就别人不能成就的，触达别人不能触达的。

《尚书》中说："有了包容万物的胸怀，品德才能高尚。"清代学者史播臣说："能包容几个小人，能忍耐几件坏事，过后会觉得心胸开阔，神清气爽。就像人们吃橄榄，当时觉得酸涩，等到回味时，却满口清凉，舒适畅快。"

范仲淹之子范纯仁性情平易宽和，不将声色强加于人。他从布衣到宰相，廉俭一生，所得俸禄和赏赐，都用做公益事业。他曾说："我平生学习的，主要是'忠恕'二字，一生受益无穷。在朝廷上侍奉皇帝，接待同事，亲近宗族，从来没有片刻离开这两个字。"

范纯仁教育子弟们说："人虽然愚蠢透顶，责备别人时却非常高明；虽然十分聪明，轻易原谅自己就容易导致昏蔽。如果用责备别人的心理来责备自己，用宽恕自己的心理宽恕别人，就不怕达不到圣贤地位。"

宽容能培养度量，忍让能培养正气，宽恕能培养性情，忘却能培养心性，拥有这四点，很少有不能到达圣贤豪杰地位的人。

明代著名理学家耿定向说："世俗情感浓艳的地方，淡得下；世俗情感苦恼的地方，耐得下；世俗情感抑郁的地方，遣得下；世俗情感耽溺的地方，撇得下；世俗情感劳累的地方，闲得下；世俗情感牵绊的地方，斩得下；世俗情感张扬的地方，抑得下；世俗情感难忍的地方，忍得下；世俗情感难容的地方，容得下。这是具有超脱世俗的雅量，也具有超脱世俗的操守。心中感到不公平就要表达，心中感到有收获就要说出来，这是最高境界。"

一个人按照这样的方法去自我修炼心性，怎么会没有涵盖、超越、包容的气度？

5. 恕忍，无可无不可

和舒服的人在一起就是养生，和聪明的人在一起就是养脑，和漂亮的人在一起就是养眼，和有趣的人在一起就是养心。远离消耗你的人，好好爱自己。

一个人要容纳别人，首先要确立宽恕的德性；一个人要成就大事，首先要确立忍让的德性。宽恕就能培养容量，忍让能培养气量。

古代圣贤说："一定要有宽恕，才能有容量。"

《尚书》中说："一定要有忍耐，事才能有成；有宽容，德才算是大。鉴别善良的，也鉴别不善良的；任用那些贤良的人，来勉励那些不良的人。"

学者陶觉说："古代的大豪杰，都有大气度。张良在圯上桥头给黄石公穿鞋，韩信在闹市街头从屠夫胯下钻过去，都是忍，不是常人能做到的。"

只有宽恕别人不能宽恕的，才能容纳别人不能容纳的；只有忍耐别人不能忍耐的，才能从事别人不能从事的。

凡是具有承受重担的人才，都有承受重担的雅量。汉高祖刘邦的阔达，唐太宗李世民的宽宏，都是有承受重担的雅量。

明代思想家王夫之说："成就大功名事业的人，在于度量，不在于聪明。"

公元 28 年，也就是东汉建武四年，伏波将军马援携带隗嚣的书信到洛阳，在宣德殿面见光武帝刘秀。刘秀说："你周旋于蜀地皇帝公孙述和陇右割据势力隗嚣二人之间，现在见到你，使人大感惭愧。"

马援说："当今世道，不只君主选择臣子，臣子也选择君主。臣如今远来，陛下怎么知道我不是刺客奸人？"

刘秀笑着说："你不是刺客，不过是个说客。"

马援说："天下反反复复，窃取名字的人多如牛毛，现在见到陛下，宽宏大量，与高祖一样，就知道帝王自然有真的了。”

刘秀佩服马援的胆识，认为他与众不同。

不久，马援随刘秀南巡，先到黎丘，后转到东海。南巡归来，刘秀又以马援为待诏，委任为军事顾问。马援要回西州时，刘秀派太中大夫来歙持节相送。

马援回来后，隗嚣询问他见刘秀的经过。马援道：“前次到朝廷，陛下多次接见我，每次与其在宴间谈话，从夜谈到清晨，陛下的才能勇略，不是别人所能匹敌的，且坦白诚恳，无所隐瞒。胸怀阔达而有大节，大抵与高祖刘邦相同，而其经学之渊博，处理政事和文章辞辩，在前世无人可比。”

隗嚣又问：“陛下比高祖刘邦怎样？”马援回答：“不如。高祖上天入地，无可无不可，无为不能为；而当今陛下喜爱政事，处理政务能恰如其分，又不喜欢饮酒。”隗嚣心里不高兴，说：“听你这样讲来，陛下倒胜过高祖了。”

无可无不可，这是多么大的气量！又如唐代的唐太宗和魏征、娄师德和狄仁杰，宋代的赵匡胤和赵普、王旦和寇准，他们无论是君臣之间、同事之间的交往，都看到宏大的气量，不是一般人能做到的。

曾国藩说：“盛世开创基业传给子孙的英雄，大凡都是以襟怀豁达为特征的；而处于困难时期扶危救困的英雄，大都是以心力劳苦为特征的。”

襟怀不豁达难成伟业，心力不劳苦难成大事。

吕坤说：“男子汉大丈夫创立事业，经营天下，见识要高，规模要大，度量要宏。”

能做到高见识，大规模，只有依靠气度。所以，做人，应以气度宽宏为重。

▶ 相信的力量

生命是一个不断完善的过程，
遇见对的人需要珍惜，
遇见讨厌的人也不要揭穿，
学会理解、接纳和释怀，
才能真正活成自我。

做　法：如何从平凡到优秀

工作有技术，做事有方法。
做任何事，都需要真正的热爱，
把愿望变成潜意识，
付出不亚于任何人的努力，
专注、学习、忍耐，
坚毅、创造、勇敢，
持之以恒，
才能从平凡到优秀。

“最重要的事，
只有一件。

一　专注力：不忘初心方得始终

做事的过程有三入，即下手处的切入，全身心的投入，一步步的深入。

每件事情都做到切入、投入、深入，资质优秀者会做到更优秀，资质较差者也能做到优秀。

马行千里，不洗沙尘。

你能把自己当成一块磁铁吗？你能把自己的生存空间变成一个磁场吗？一个磁场就是一份事业，场内、场外都需要我们集中精力去投入。

集中精力到一点上，是成功的一个秘诀。我们要做事、要工作，就必须集中生命里全部的精神和心力到一件事上。

孔子一生只做教学一件事，老子一生只做讲道一件事，释迦牟尼佛一生只做传法一件事……他们的成功法则，就是集中精力到一点上。

1. 集中精力到一点上

同时捉两只兔子，一只也捉不到。

集中精力到一点上，道家称之为“凝神集一”的功夫。在心性修养上，它妙用无穷。

凝神集一，也就是“唯精唯一”“全神贯注”。唯精唯一，是指用功精深，用心专一。出自《尚书 · 大禹谟》：“人心唯危，道心唯微，唯精唯一，允执厥中。”

全神贯注，意思是全部精神集中在一点上。吕坤说：“以精到的知识，用坚持的耐心，运精进的力量，就是金石为开，豚鱼可格，还有什么难做的事情，难塑的形象？”

集中精力的学问，在于凝聚精神、立定志向，做到心不动、气不动、念不动、神不动。四不动，就能达到没有声音、没有气味、没有思考、没有顾虑的境界。

我们一开始从事某种职业，就要下定决心在那个领域打出一片天地，做那一行的领军人物，采纳每一点改进之心，采用最优良的设备，对专业知识熟稔于心。

有人说：“做人善良，做事成功，修德有道，立言传世。”

想达到这样的目标，那就需要运用这个原则，无论做大事做小事，都不例外。能把精力集中到一点上，小事可以做成大事。

拿画画来说，这门技术在人生中算一件小事，如果你能集中精力在它上面，让每幅都成为流传千年的艺术品，像张择端、王希孟、梵高、莫奈那样，画画就是你的人生大事，你也因画画成为名人名家。

相反，不能把精力集中到一点上，大事可能会变成小事。

如做领导，这个职位在人生中算一件大事，如果你无法将精力集中在它上面，将它做到最好，甚至做得很差，属下离心离德，团队解散，那做领导就是你的失败，你充其量不过如此而已。

2. 专而易成，分而易败

厉害的人求实效，求实效的人一就是一，二就是二。精诚所至，金石为开。一心不动，天地可格。

我们为学办事，不肯集中精力，不肯全神贯注，而想达到最高的成就，哪里能得到？《大学》中说："心不在那里，看什么也看不到，听什么也听不到，吃什么也吃不出味道来。"这就是说明不能集中精神的危害。

凝神达到最高境界，不但心思全在上面，神在物在，并且没有心物的分别，无神无物的感觉。

东晋大书法家王羲之写字是全神贯注，当他写字时，一神不分，一气不弛，心中只有写字，不见有外物的存在，于是神气贯通，性情贯通，下笔有神。所以他的字被尊为万世神品，其人也被尊为"书圣"，两千年以来无人能及。

晚清书法家何绍基自述他的书法心得时说："气息跟着而来贯穿在指尖，屈伸进退灵活自如。""外缘急轻而内部自重，志气不专一不是英雄。"

自古到今，凡是艺术作为达到上乘境界的人，没有一个不是专注自己一生精力与全部灵魂在里面，有时即使只看到一山一石、一花一鸟，或只言片语、三言两语，也可以看到他的生命、精神、人品。

就事论事来说，向来是专而易成，分而易败。当你从事一件事业，或管理着某个部门，只知道炫耀博学与才能，显摆威风与气势，在你顺风顺水时没有什么障碍，一旦你遇到挫折，将会跌入毁灭的深渊。

反之，如果你对每件小事都能投入十分的精力，埋头苦干，结果反而会做成大事。

拿破仑晚年回忆自己一生曾说：“让我失败的不是别人，是我自己。我一生中最大的敌人是我自己。我是制造我无数痛苦的工程师，我在工作期间不该包揽所有的事情。”

俗话说：“你要将天下的麻雀都捉住，结果可能一只都捉不到。”

成功的秘诀之一，就是集中你的思考在一件事情的中心点上，将全部的精力瞄准事情的要害猛烈进攻，而且要排除其他的干扰，忘掉世界，忘掉别人，忘掉自己……在你的人生中，努力做好一件事。水滴石穿，绳可断臼，功夫就在集中精力于一点上。

黄石公曾说：“悲莫悲于精散。”意思是最大的悲哀莫过于精力分散。自古以来，没有人在同一时间，可以抬头看天又能低头看地，左手画方右手画圆。

3. 注意力高度集中的“糗事”

天下的麻雀是捉不尽的，一只手也抓不住两只鳖。

用凸透镜聚光，散射着的阳光无论如何都不能把一张纸点燃，而当凹透镜把一定面积的光聚集到一点时，不仅能把纸点着，还可以用来烧水煮饭。

从古至今，能够在事业上有所作为的人，都能最大程度地集中精力，专心致志。

由于注意力高度集中，他们对周围的一切几乎都顾及不上，由此做出了不少令常人惊讶可笑的事情。

据说，有一次霞飞将军客居力菲赛斯，偶然散步到当地著名的巴拿马堡垒，忽然对奇特的堡垒产生了兴趣。这种毫无顾忌的观察行为，立刻引起守军的注意，他们看霞飞将军衣衫褴褛，根本不知道他是世界闻名的将军，以为是德国派来的奸细，便迅速将其逮捕，送到军事法庭审讯，幸亏经当地土著的翻译解释，才使真相大白，得以顺利脱身。后来他姐姐知道了，问他为什么不说实情，霞飞将军说："他们逮捕我时，我正想着那个堡垒。"霞飞将军平时对一件小事都这样，处理其他大事时，专心程度可想而知。

希腊的大哲学家苏格拉底，在哲学方面有很深的造诣，他取得的成就，除了他先天聪颖与后天的谦逊好学有机结合之外，可贵的是他对每个问题都能认真探讨，专心致志地求索答案。无论是严寒还是酷暑，只要有一个问题没有解决，他就会像疯子一样呆站在自家的院子里，冥思苦想，直到彻底思考出答案，不管这其间站立了多久。这种精神不是普通人所能拥有的。

爱迪生也是这样。有一次，爱迪生去交税，他站在队伍的后面缓慢地向纳税窗口移动。就是在这个时间里，爱迪生仍然没有忘记他刚才思考的有关发明的问题，轮到他缴纳税款了，当税务人员向他问话时，他竟然一下子变得目瞪口呆起来，以至于姓甚名谁都不知做何回答。等他将记忆从思想的海洋里拉到眼前的事情上时，才想起自己的名字是爱迪生，但这时，税务人员已经在给他后面的人办理业务了，而他只能重新排到队伍后面去，再次回来缴纳税款。

1920 年时，李四光担任了北京大学地质系教授，他夜以继日地工作。一个周末，他像往常那样在地质馆认真搞研究，精力全集中在制作化石标本、冲洗化石照片、撰写学术论文上，竟忘了下班回家。正当他凝神思考时，偶尔抬眼，瞅见一个小女孩静悄悄地站立在桌边，便轻声催促道："你是哪家的小姑娘啊，天这么晚了，快回家吧，不然你妈妈该着急啦。"这时，只听见小女孩咯咯地笑着说："爸爸，妈妈不是等我着急，是等您着急哪！"李四光抬头一看，原来是自己的女儿，不由得大笑起来。

4. 什么都想做，什么都做不好

做自己喜欢的事，永远没有太晚的开始。

心理学研究，当人的注意力高度集中、专心致志在某一事物时，大脑皮层的某一区域就会兴奋起来，在它的附近区域则相应地发生抑制过程。这时，暂时的神经联系最容易建立、最容易巩固，对事物的反应也最清晰、完全，思维活动也是最积极、有效的。

心理学研究还证明，在同一时间内做单一活动和做复合活动的效果大不相同，做单一活动，专心致志，注意力集中，活动效率很高；而做复合活动的，注意力分散，每项活动效果都很差。杂技演员双手可以同时抛掷七八只球，但是即使最好的杂技表演家，恐怕也只能玩上十分钟。时间久了，他必难于继续，所有的球都将掉下来。

德国哲学家黑格尔说："那些什么事情都想做的人，其实什么都不能做好。世界上有趣的事情异常之多，西班牙诗、化学、政治、音乐都很有趣，如果有人对这些感兴趣，我们绝不能说他不对。但是一个人在特定的环境里，如欲有所成就，他必专注于一事，而不分散他的精力于多方面。"

美国管理学者德鲁克说："有效性如果有什么秘诀的话，秘诀就是'专心'。有效的管理者做事时，必'先其所当先'而且'专一不二'。"

巴甫洛夫的一位学生这样来概括巴甫洛夫研究工作的基本特点："在每一瞬间，在每一段时间里，巴甫洛夫只想一件事，如果他要思考，他只思考一件事。"

这就是说，人的时间和精力有限，要取得事半功倍的成效，必须专一，精力集中，唯有专一不二，才能搞出"名堂"。

5. 物我两忘的境界

喜欢一件事，那就慢慢去做吧。

孟子说："弈秋教两个学生下棋，其中一个学生专心致志，排除杂念，一心听弈秋讲解。另一个虽然也坐在那里听讲，却一心只想当大雁到来时怎样挽弓搭箭去射击。因为他心不在焉，学习成绩远不及另外一位同学。"

不只是学习是这样，办事业更是如此。

拿破仑记录他成功的体会时写道："欧洲原本有几位军长在事业上能取得更大的成就，但是他们看到了太多的东西，心地不单纯。我和他们不一样，我只看到一件事物，那就是在战场上和我交手的敌人。"

拿破仑的成功之处，就是他对军队、对战争、对权力都有一种伟大而又特殊的嗜好，这种嗜好与他的整个生命与灵魂融为了一个整体。这个整体促使他将全部精力都投入一件事情上。

拿破仑曾经表示戏剧中他最爱看悲剧，但是他又幽默地说，如果有一天，左边在上演半个世界将毁灭的悲剧，右边是他指挥的军队在前线作战的报告，他还是宁愿放弃观看悲剧，也要一字不漏地审阅作战报告。拿破仑对事业的投入由此可见一斑。

集中精力于一点上，容易进入一种物我两忘的境界。柳宗元的名诗《江雪》描写的就是这种极高的境界："千山鸟飞绝，万径人踪灭。孤舟蓑笠翁，独钓寒江雪。"

如果你问这位钓鱼老翁钓到了多少名多少利，他可能告诉你什么都没有。可他钓到了他的感觉，钓到了一个物我两忘的自如、自得、和谐的极致境界。这就是"专注"，这就是追求者的情怀。

如果临渊羡鱼，又怕湿脚，一辈子对事业、对情感浅尝辄止，轻飘飘地来，轻飘飘地去，最后将一无所获。要想获得钓鱼的欢乐，就必须到江边。一辈子不想耕耘的人，将永远没有收获。

6. 心无二用，出神入化

喜欢做的那件事，是天赋所在。

做事的心思全用到一点上，达到了最高境界，不但神在物在，而且没有心思与外物的区别，没有精神与外物的感觉。韩幹善于画马，当他挥笔画马时，全部精神都集中在马身上，心思完全放到画马这件事情上，在他看来，此时此刻他和马没有区别，他就是马，马就是他。正是由于韩幹这样的投入，所以人们传说他画的马能活起来，而且能在大街上行走。

《荀子 · 劝学》中说："蚓无爪牙之利，筋骨之强，上食埃土，下饮黄泉，用心一也。"蚯蚓没有锐利的爪牙，也没有强壮的筋骨，但它却能上可以吃到地里的尘土，下可以喝到黄泉，这是它用心专一的缘故。

《庄子 · 达生》记载，有位粘知了的驼背老人，曾用五六个月时间专心练手腕，能在竹竿头上堆放两颗弹丸、三颗弹丸乃至五颗弹丸而不掉下来，因此能够一粘便是一只，好像在地上拾取东西一样容易。

驼背老人在粘知了时，思想专注，尽管天地广阔，万物繁多，但他的心里、眼里，只有所粘的目标——知了的翅膀。

一个驼背的老人粘知了，自身条件当然是很差的，但是，专心和努力，使他在这方面表现出惊人的技艺。

从古至今，在事业上、艺术上有所成就的人，大都贯注了全部的精力。三心二意的人，很少能取得大的成就。

英国物理学家牛顿经常感慨地说："心无二用，心无二用！"

如果獐飞快地奔跑，马也追不上，它之所以常常被猎人捕获，只因它时时分心，回头张望。冬夏两季不能同时形成，野草和庄稼不能一同长大，果实繁多的树林长得低矮，思想不专一的人难以成功，这都是自然的规律。

精而熟之，鬼神告之。并非真有鬼神告之，而是专心致志，精心熟练达到了出神入化。专心于认准的事业，一段时间之后，你会觉得妙不可言，会取得巨大的成功。

奥里森·马登说：“把你所有的心力集中到一点，加以专注，等到心力有了足够的积极力和创造力时，你所渴慕和企望的事情就会来到你的身边，这就好像石子经过地心引力，会落到地上一样。你要让你自己成为一块磁铁，吸引着你愿望的成功和地位。”这就是生命中智力、才力、心力能持久地专注集中到一点的效果。

▶ 相信的力量

有的人稍遇挫折，
就想调岗位、换环境；
有的人拈轻怕重、见异思迁，
这山望着那山高。
不专注无以攻坚克难，
不专注无以固本开新。
择一事终一生，执着专注；
干一行专一行，精益求精。
当专注成为习惯，
就会内化为一种强大力量，
支撑着把每一件事做到极致，
踏上精进之路。

> 想都是问题，
> 做才是答案。

二 行动力：你就是想得太多

吃过才知道是酸甜还是苦辣，穿过才知道鞋子是合脚还是夹脚。

考虑一千次不如去做一次，犹豫一万次不如去实践一次。

王阳明说："不管是学习、询问、思考、分辨，都是要学会并且掌握，只学习不实践那是不可行的。"有些人的失败不是因为没有思考，而是因为犹豫不决，迟迟没有行动。

人与人之间有很大的区别，有的人躺着过日子，有的人站着干工作。躺着过日子的人，自感到身体舒服，可宝贵的生命却在舒服之中失去了颜色，做人的精神却在舒服中消磨了锐气。站着干工作的人，付出代价，而生命却在付出中换来了辉煌，精神却在付出中换来了长久。

鲁迅说："我觉得，那么躺着过日子，是会无聊得使自己不像活着的。我总这样想，与其不工作而多活几年，倒不如赶快工作少活几年的好，因为结果还是一样，多活几年也是白白的。"

在工作中，最重要的是使命感而不是环境。俗话说"千里之行始于足下"，知行合一，做事要从"力行"着手。

遭遇过无比的痛苦，才能得到无比的快乐。在失败和患难中认识自我，认识人生；在工作和成功里获得崇高的喜悦，获得心灵的净化。

道阻且长，行则将至。“力行”是无限的、无穷的，以“力行”促成一个人的伟大也是无限的、无穷的。向上一步，在这一步的上面，还有无数个上一步在等着你。越是向上迈进一步，越是伟大一分，向上无止境，伟大也无止境。这就需要自己的努力与奋斗。

就怕你懒，还把懒当时尚。

古人说：“只要一口气还在，追求成功的志向就一刻也不能松懈。”千万不能中途停止，不可满足眼前的成就，这样才能体现出自强不息的精妙之处。

1. 小行小成，不行不成

想，都是问题；做，才是答案。先起跑，再调整呼吸；先起飞，再调整姿势。

令人疲惫的，从来不是没准备好，而是过多的焦虑和犹豫。想太多，不仅消耗更多的体力和精力，也瓦解做事的决心和毅力。

如何过一天，就如何过一生。百闻不如一见，坐而言不如起而行。苦口婆心地讲道理，不如亲身实践一次。知行合一，只有亲身实践而来的道理，才能铭记于心。

马云说：“我无法定义成功，但我知道什么是失败。成功不在于你做成了多少，在于你做了什么，历练了什么。”

历史上那些伟大人物，不论是圣人贤人，还是英雄豪杰，他们的成功都在于一个“行”。作为现代人，不能只空有理想、希望、雄心、抱负，还要力行实现这些理想、希望、雄心、抱负，这样，才能说完成了自我人生。

完成自我人生，要靠我们躬身力行，努力实践。

浅水里有小鱼，深水里有大鱼。如果你不出海，就一条鱼也没有。路虽远，行则将至；事虽难，做则将成。怎样完成自我人生？只有从古今中外历史中，去学习“力行精神”，将它们作为一切盛德、大业成功的根本。

圣人的盛德靠力行，英雄事业靠力行。取得功名富贵的人士，专家学者建立的流派，只要在人生中小有成就的人，没有不是从力行中得来的。

岁月不居，时节如流。有多少人，败在一个“等”字上。这辈子说长不长，说短不短，有的人总是在等，等将来，等不忙了，等有时间了，等有机会了，等有条件了，可是后来等没了选择，等没了时间。

《易经 · 乾卦》中载：“天行健，君子自强不息。”又说：“君子身上的仁充足就能助长人，好的东西足以合乎礼，礼与物足以合乎义，忠正、稳固足以成事，君子有这四种德行，所以叫元亨利贞。”又说：“君子以真实行为培养德行。”又说：“君子以说真话按事物行事而能坚持。”

孔子对儒行中说：“以力行而有所得。”在回答哀公问政时说：“力行接近仁。”从古到今没有不注重“行”而能成就功业的人。

说一丈长的话，不如做一寸长的事。王阳明说：“懂得了，而不去做，等于不知道。”

上古黄帝通过七十次战争而取得天下，灭掉了蚩尤，取代神农氏即位以后，还是勤奋努力，不知疲倦，不敢让一日闲过。《史记》里面记载他即位后的功业说：“天下有不顺从命令的，黄帝去征伐他，平定后就离去。劈山开道，不敢安静自居。东方到达渤海，登上丸山、泰山；西方到达崆峒山，登上鸡头山；南方到达长江，登上熊山、湘山；北方驱逐荤鬻与诸侯在釜山合符，而把都城建在涿鹿。”

《史记》记载舜的发迹地方时说：“舜在历山耕作，历山的人们都谦让他。到雷湖边上打鱼，雷湖地方的人都让出自己的住所。治理河滨，河滨的器材不会朽坏。一年之后，他居住的地方集成小镇，两年成为城市，三年成为大都市。”

《史记》记载禹的工作情形时说：“身形劳苦而思想焦虑，十三年治理水灾，三过家门而不入。缺乏衣服与食物，他的行动使鬼神都受感动。从费地到沟域，陆地可以行车，水路可以行船。在泥路上行走乘橇，在山路上行走用辇。左边是标准，右边是规矩，承载四季，开九州，通九道，修通九湖岸边的道路，测度了九山。”由此可见禹的力行程度。

马云说：“当我们回过头来看看，所有的经历和经验都是我们成长和进步的阶梯。我们要珍视每一次机会，不断挑战自己的极限，用实际行动去证明自己。”人生有太多的未知和变数，我们无法预料自己的未来会是什么样子。但是，我们可以不断地努力和追求，去拓展自己的人生道路。无论是成功还是失败，都是成长和进步的过程。

2. 一万小时定律

与其议论别人挣了一个亿，不如自己踏实去挣一千块。

不要患得患失，太在意从前，又太担心将来。有句话说得好：“昨天是段历史，明天是个谜团，而今天是天赐的礼物，像珍惜礼物那样珍惜今天。”不要等到明天，明天太遥远，今天就行动。

时间上拎得清的人，少奋斗十年。孔子在河边看到流水滔滔向前，不禁感叹道：“逝者如斯夫！不舍昼夜。”这句话告诉人们应当以一贯到底的精神行走到生命的尽头。

火车不是推的，泰山不是堆的。努力是会上瘾的，尤其是尝到甜头以后。

历史上许多伟大人物的成功，都是经过力行无息、奋斗不止得来的。所以孔子回答子路问政时说："做在百姓的前面，使他们勤劳。"子路请求再讲一点，孔子说："不可懈怠。"所以说："力行是事业成功之母。"

晏子对梁丘据说："我永远都赶不上先生的成就。"有人对这句话评论说："有作为的人常能成功，力行的人常能成功。"孔子以六艺为教，可是任凭哪一处都是以力行为训。子张问政，孔子告诉他说："说了就付诸行动，是礼；行动时感到快乐，是乐。君子能做到这两点，就可以去当官，天下也会太平。"

孔子在回答鲁哀公"如何治理好政务"的问题时说："天下普遍共行的大道有五项，实践大道的美德有三条。君臣、父子、夫妇、兄弟、朋友交往，这五项是天下的大道。智慧、仁爱、勇敢这三条是天下的美德。"

孔子在评论"知"时说："有的人生来就知道这些道理，有的人通过学习才知道这些道理，有的人经过困惑后才知道这些道理，虽然人们知道有先有后，但最终掌握这些道理，他们却都是一样的了。"

孔子在评论"行"时说："有的人心安理得地去实行大道，有的人贪图利益而去实行大道，有的人则是勉强去实行大道。最终他们成功的时候，却都是一样的。"

孔子说这番话，主要还是勉励人们"力行"事业。毕竟生来就知道道理的人和心安理得地实行大道的人不多见。以孔子之圣，不仅不以天生就通晓大道自诩，反而一直勤奋学习，切实"力行"，力求达到圣贤地位。

孔子说："我不是天生就知道大道的人，而是努力学习古人的东西，用敏锐的观点来追求知识。"孔子这是现身说法，告诉大家只有"力行"才能获得知识。所以说，做事成功的秘诀在于"力行"，在于力行进取，在于奋斗不息。

孔子这样垂教后人："要广博地学习，要详细地询问，要慎重地思考，要清晰地辨别"，然后"忠实地贯彻下去"；"要么就不学，学了没有学会就不中止。要么就不问，问了还不明白就不中止。要么就不思考，思考了没有收获就不中止。要么就不辨别，辨别了不清楚就不中止。要么就不实行，实行了不到忠实程度就不中止。别人一次能做到的，我用百倍的功夫，别人十次能做到的，我用千倍的功夫。如果真能这样做，即使愚笨也会变得聪明，即使柔弱也会变得刚强"。

有人说，只要在一个行业从事超过一万个小时，你就是这个行业的专家。但是我们算下，倘若以一天 8 小时来计算，成为专家也不过三五年的时间。但反观现实，很多人即便是在一个行业里待了 10 年也没有成为专家，根本的问题不是不聪明，而是他没有超强的行动力，不肯力行，单纯地靠在行业里时间的堆积，是不可能成为专家的。

3. 力行就对了

你若安好，便是晴天。

事虽难，做则必成；路虽远，行则将至。

这个世界最远的距离不是从马里亚纳海沟到珠穆朗玛峰，而是知道和做到，就是你知道什么是对的，但永远做出的是错误的选择，知道和做到这个巨大的鸿沟，你永远无法跨越。

没有今天的耕耘，就没有明天的收获。喊破嗓子，不如甩开膀子。抓鱼要下水，伐木要入林。

网上有个提问："37 岁失业在家，压力巨大，超级痛苦，怎么办？"

有网友回答：

假如，在你眼前有十个盲盒，其中一个盒子里装的是你想要的东西，你会怎么办？

你应该一个一个地去打开！

不要再浪费时间，赶紧去试错，想太多是没用的。

一个字，干。不行，换。再干，不行，再换。

也许，行动不能立马带来转机，但可以慢慢摆脱困境。

力行，应用到普通人的人生一面，就是努力工作，就是勤奋工作。

海明威说："上天决不帮助不想工作的人。"莎士比亚说："上帝把亚当贬到人间时制定的第一条戒律就是：人类必须用自己的血汗换取面包，决不可用别人的血汗换取面包。"这些名言变成我们今天的话来说就是："用我们自己的血汗换取成功，不要用他人的血汗换取成功。"

牛顿说："如果你希望获得知识，就应该努力工作；如果你希望获得食物，就应该努力工作；如果你希望获得快乐，就应该努力工作。只有努力工作，才能获得一切。"

富兰克林在评论自己的成功时说："我的成功是我努力工作的结果。我一生从来不吃一块不是用劳动换来的面包。"

富兰克林只接受过两年的正规教育，以印刷作坊的学徒作为人生的起点。在他努力工作下，他一跃成为拥有印刷工厂和《宾夕法尼亚报》的人，成为出版《穷理查德历书》和《自传》的人，成为发明避雷针、两用眼镜和新型路灯的人，成为提出北美殖民地“不联合就死亡”的人，成为起草《独立宣言》和《美国宪法》的人。

一位社会学家曾经提出一个理论——“情绪劳动”，大意是除了日常的体力和脑力劳动外，还存在一种被忽视的劳动，就是情绪的劳动。

这也就是为什么，在做一件事时怕自己做不成，比真做不成，更让人感到疲惫；怕别人说不行，比真不行更让人感到难堪。

困惑也好，质疑也罢，想得越多越痛苦。

摒弃杂念，抛开烦忧，做得越多越坦然！

工作就是力行，劳动就是创造。不断地勤奋工作，就是不断地勤奋力行。

荷马说：“劳动是人间的命运。”亚里士多德说：“事情没有不劳作而成功的。”曾国藩认为：“坚持自己的志向，辛苦自己的心神，劳作自己的精力，不管大事小事，日后都会有所成就。”

劳力是工作，劳心也是工作；办事是工作，读书搞研究也是工作。人生要取得进步，生活要过得充实，唯一的办法是在工作中，自强不息地力行。

力行工作，使普通人从愚昧变成聪明，从聪明变成智慧，再从智慧变成神圣。

爱迪生说：“我们忍受巨大的痛苦，才能享受巨大的快乐。我们在失败和灾难中认识人生，我们从工作和胜利中得到崇高的喜悦。”

空谈，水之泡沫；力行，金之点滴。

曾国藩说过：“熬过此关，便可少进，再进再困，再熬再奋，自有亨通精进之日。”路漫漫其修远兮，吾将上下而求索。人，一旦找到了自己，最快乐的日子就是当下的时光！

▶ 相信的力量

今日的事情，
尽心、
尽意、
尽力去做了，
无论成绩如何
都应该高高兴兴地上床恬睡。
——三毛《亲爱的三毛》

“流水不争先，
争的是滔滔不绝。

三　坚持力：把时间当作朋友

少年的特点之一就是：虽然嘴上说要放弃，心底却总会憋着一口气。

世界上能登上金字塔的生物有两种：一种是雄鹰，一种是蜗牛。雄鹰天资奇佳，待到羽翼已成，一飞冲天；蜗牛资质平庸，爬到塔顶可能要一个月、两个月，甚至一年、两年，甚至十年、二十年。但当蜗牛爬到金字塔顶端，极目四望，俯视万里，它眼中的世界，却跟雄鹰毫无二致。

倘若没有雄鹰的天赋，就做只老老实实、勤勤恳恳的蜗牛。只要有恒心，实实在在地爬，即使爬不到塔顶，只在塔腰，看到的风景，也比塔底美得多。

世上无难事，只怕有心人。这句话中的“有心”，指的就是恒心。只要有恒心，最难的事也能做成功。没有恒心，则一事无成，最容易的事也会变成最困难的事。

天下事最难的不过十分之一，能做成的有十分之九。

想成就大事大业，要以恒心来成就它，要以坚忍不拔的毅力、百折不挠的精神、排除纷繁复杂的耐性、贞固不变的特质作为涵养恒心的要素。

有位知名投资人说过："我对伟大格局观的首项定义是'拥有长期主义理念'，这源自我所坚持的投资标准——做时间的朋友。"

不论是工作还是创业，想要可持续发展必然考虑的是长期主义。把短期内赚钱当作首要目标的人，必然被社会淘汰。真正厉害的人，都具有一种能力，那就是透过现象看到本质。

一个人之所以成功，不是上天赐予的，是日积月累自我塑造的。因此，做事不能存在侥幸心理。幸运、成功永远属于辛劳的人，属于有恒心不易变动的人，属于坚持到底的人。事业如此，德业也如此。

1. 君子恒，其德贞

放弃不难，但坚持一定很酷。

马云说："当你想要放弃了，一定要想想那些睡得比你晚、起得比你早、跑得比你卖力、天赋比你还高的牛人，他们早已在晨光中，跑向那个你永远只能眺望的远方。"

如果你停止，就是谷底；如果你还在继续，就是上坡。

冰冻三尺，非一日之寒。这个自然现象最能体现出恒心。一日曝之，十日寒之；一日而作，十日而辍，没有恒心，成功的概率几乎等于零。事业和学问，都是在时间上累积而成的，用了一分时间，就有一分收获。

《易经》中说："君子恒，其德贞。"君子恒久保持柔美的品德，守持正固。天地广大，没有恒心就没有事物；事业昌盛，没有恒心就没有成就。这是千古不能磨灭的真理。

前人告诫，一日感到不满足，用一个月来继续；一个月还不能满足，用一年来继续。

哥白尼之所以成名，就是因为他对天文学的钻研有一种持之以恒的决心；拿破仑之所以成功，就是因为他对军事上有一种持之以恒的决心；哥伦布之所以成名，就是因为他对新大陆的探索有一种持之以恒的决心；发明蒸汽机的瓦特，发明轮船的富尔敦，以及爱迪生、马可尼等无数成功成名的人物，都是对自己所研究的事业有一种特有的持久之心。政治家、哲学家、文学家，也都是如此。

梁启超说："启超所学广博而荒疏，嗜好种类也繁杂，每治理一个事业，都沉浸到里面去。集中精力，抛弃杂念，经历若干时间，再进行其他事业，则会抛弃以前所学的东西，集中精力在这个事情上。所以常有所得，又有随时抛弃的习惯，所以对什么学问都研究得不深透……有识之士说我如果能裁敛学问欲，专精于一两点，就会在思想界有更大的贡献。现在我终于认识到此言不差。"

梁启超又自我反省说："我学习上的毛病在于爱好广泛，学识肤浅，最大的毛病就是没有恒心，有所收获马上就会失去，其他的事还可以效法我，这两样不能学我了！"这是经验之谈。

永远不要跟别人比幸运，要和他们比谁更有毅力，在最困难的时候，他们熬不住了，你多熬一分钟、两分钟，就能无敌，就能走在他们前面。

2. 稳扎稳打，循序渐进

凡是过往，皆为序章。

恒心和毅力就是抱一守终，就是死心踏地。我们的事业之梦，常常封锁在卧室的铁柜里，被时间之神保护着，因此要以全部的生命力与它搏斗，以胜利者的姿态夺过来，使它成为日常生活中不可缺少的东西，直到生命的最后一刻。

我们如果对事业有一种朝秦暮楚的思想观念，或者是处于时做时辍的疟疾病状态，便是一个不可救药的死症。所以孟子说：“一日的曝晒，又以十天的冰冻，没有能生成的事物了。”

做事不能求快速达成。古语说：“欲速则不达。”又说：“前进得快的人后退得也快。”

《孟子》中有一则寓言说：“宋国有个人，操心他的禾苗长得不快而拔高它，疲倦地回到家中。对家里人说：‘今天累坏了，我帮助禾苗长高了。’他的儿子跑到地里去看，禾苗都枯萎了。天下完全不做这种事的人，实在是很少的。以为培育没有益处而放弃努力的，是不锄草的人；帮助禾苗长高的，是拔高它的人。后者不仅没有益处，而且还伤害了它。”

要养成一种事业的恒心，首先要培养自己对事业的热爱，然后再培养一种不求速达的心理，稳扎稳打，循序渐进。

想求快速达成，就难以满足妄想的急切心情，就难以把事业办好。达不到心理上的要求，就容易灰心丧气。灰心丧气就会希望渺茫，就容易辍业或者改行，也就难得有恒心了。

没有恒心事业就难成功，想速达也不会达到。

所以说：时间想它快而功力不想它快，功力想它快而效果不想它快。早熟便是小材，大器必然晚成，积累得越丰厚，后来的成就也越大。日积月累，坚持不懈，就会年年精进。年年精进，应以君子的恒持之心来长久支持。

孔子说：“善人，我没有见到，但是曾经见到过有恒心的人，这也够了；把没有当作有，把虚当作盈，这样的人很难有恒心。”

孔子又说：“恒心大，没有错处，利益坚定，同时利也就来到了。”

有人说：“凡是事业的成功，在于有恒心；凡是事业的失败，就是没有恒心。所以做人立业，贵在守住恒心等待成功。抱一守终，必有所得。”

《易经·恒卦》中说：“恒卦象征恒久：亨通，无害，利于坚持正道，利于有所往。”

恒卦经文《彖传》说：“恒，意思是恒久。阳刚在上，阴柔在下。雷与风相助，逊顺而后动，阳刚阴柔皆相应，这些都反映了恒久之意。恒久，可以亨通、无害，利于坚持正道，说明要永久保持美好的道德。天地的运行规律是恒久而不停止的；利于有所前往，说明事物的发展终而复始。日月依靠天这个载体而能永放光芒，四季终而复始变化不已才能永久生成万物，圣人持之以恒地保持美好的道德就能用教化来成就天下人。观恒卦所揭示的恒久之道，天地万物的一切事情均可明白了。”

恒卦揭明事物“居久守恒”的道理，就人事而言，就是教人为善、治学要有持之以恒的精神。

3. 成功绝非偶然

博观约取，厚积薄发。不管这个世界怎样，总有人在一路狂奔。

西方哲人说：“与其花许多时间和精力去挖许多浅井，不如花同样的时间和精力去挖一口深井。”乱忙的人就好像是在挖浅井。“能者多劳”，是对有才干的人赞誉，同时也是对他的一种悲悯。

千万不要因为自己常被别人拉去干这干那，就误以为这是表现自己才干的大好机会。因为这是在被人拖着挖浅井。东一榔头西一棒，每一口井都没有水出现。这不是能干，是生命和才力的浪费。

一个人的精力和时间十分有限，在有生之年，把握住自己真正的志趣与才能焦点，专心致志地做下去，才可能业有所成。

阿里巴巴集团创始人马云凭什么成功？就是有一颗坚持的心。

马云连续三年参加高考后，才跌跌撞撞考进杭州一所专科学校。后来三次创业，两次失败，备受冷嘲热讽，最终打造了电商翘楚——淘宝、天猫。这期间，马云时刻鼓励自己："发令枪一响，你只有一路狂奔。"马云常常告诫自己："最大的失败是放弃，最大的敌人是自己，最大的对手是时间。"

马云的成功绝非偶然，其中不单单因为他是个有远见的人，更重要的来源于他的坚持。马云曾经说过一句话："如果我能够成功，我相信中国 80% 的人能成功。"当然，这是马云的谦虚之词，他启示每一个创业者，要想成功，就要具备持之以恒的本质。

做事坚持专一，并非不求上进，而是一种锲而不舍、全神贯注的追求。不但要有魄力，而且要有定力，摆脱外界其他的诱惑，不为名利权位而中途易辙。这种定力是决定一个人能否挖出井水最重要的条件。

认清自己的才能，找到自己的方向，已属不易；更不容易的是能抗拒潮流的冲击，许多人只是为了某件事情时髦或流行，就跟着别人随波逐流。他忘记衡量自己的才干与兴趣，末了找不到自我，所得只是追逐一时的热闹，而失去真正成功的机会。

梭罗创作《瓦尔登湖》时，为了寻找感觉，跑到森林中度过两年的隐士生活。自己栽种豆子和玉米为食，摆脱了一切剥夺他时间的琐事俗务。他一心一意地去体验林间湖上的景色和他心灵所产生的共鸣，从中发现许多道理，从而完成了《瓦尔登湖》这本名著。

日本作家川端康成获诺贝尔文学奖之后，常被官方、民间以及电视广告商人等等，拉着去干这干那。有些文人难免天真，又不擅应酬，不会推托又心慈面软，加上做事又过于认真，不懂敷衍，于是陷入忙乱的俗事之中，不知如何解脱，终于以自杀了此一生。有报纸说川端临终前，曾为筹借一笔会费而心力憔悴，心情十分低落，这件事可能是促使他厌世自杀的原因之一。

诚然，一位作家能获得诺贝尔奖，这口井已经算是挖得够深了。但如果他不被卷入俗事，而仍然能宁静度岁，以他的智慧，也许会有更具哲理的创作留传于世。这口井，本可以挖得更深一些。

▶ 相信的力量

人生就是一场经历苦难、
体验生活的旅程，
只有经历了一路的挫折和磨难，
才能真正成长为一个坚韧不拔的人。

> 要么热气腾腾，
> 要么死气沉沉。

四 开创力：拆掉思维里的墙

中年以后的男人，时常会觉得孤单，因为他一睁开眼睛，周围都是要依靠他的人，却没有他可以依靠的人。

绝大多数的人生困境，都源自思想的随波逐流。做最好的自己，既能涵盖一切，又能超越一切。不能只是遵循前人的路径，因袭前人的规矩，而必须拆掉思维里的墙，跳出心灵的陷阱，走出人生的困局，开创属于自己的新天地。

我们与人相同的是肉体，与人不同的是心灵，所以必须超越“肉体世界”，创造“心灵世界”。这样，才能与别人拉开距离，与别人也有所不同。奥里森·马登说：“创造是力量，是生命；模仿是软弱，是死亡。”只是在前人开创的世界里兜圈子，就难以跳出前人的窠臼。

同一个世界，同一个梦想。

每个人都各有一个世界，每个人都共享一个世界。那些开创新世界的人，值得后人尊敬。

老子有老子的世界，孔子有孔子的世界，释迦牟尼佛有释迦牟尼佛的世界，王阳明有王阳明的世界，曾国藩有曾国藩的世界。

英雄豪杰有英雄豪杰的世界，草根平民有草根平民的世界，哲人隐士有哲人隐士的世界，科学家艺术家有科学家艺术家的世界。

各人所处的世界相同，各人有所感有所成的世界则相异。别人创造的世界，纵然出门宝马奔驰，进门黄金铺地，总归是他人的。我们必须从坎坷泥泞中开创新世界，这才是我们自己的。

从他人的大门进来，虽然能升堂入室居住，居住的总归是他人的处所。我们必须建造起自己的门墙和房屋，让他人由门而进，升堂而居，这才显得出我们自己的价值，显得出我们自己的一切是由我们自己的灵魂中、心性中流淌出来，有特殊的地方，有超越的地方，有不同于他人的地方。

1. 创新者为何异于常人

允许世界的不同，才能看到不同的世界。

奥里森·马登说："成功是个人的创造，是由个人开创的力量造成的。一个离开了自己，不想做自己的人，而想做别人，不想表现他自己，而想表现别人，最终是要失败的。力量是内发的，不是外来的，顺你自己的性，做你自己的人，才能有特殊的伟大和特殊的意义。"

马登又说："你应该立志。不管你在世界上的成就是大还是小，但只要想有所成就，就必须寻求开创性的成就，创造你自己的成就。你不要害怕表现出你的自我。可以使你的生命成长的，是开创而不是模仿，是领导而不是跟随。你应该立志做一个有主见、有思想、追求进步的人。运用你的头脑，做一个富有开创精神的人。"

这确实是至理名言。我们要为世界文明开辟新路径，开辟新天地，便不能循规蹈矩，完全按照别人说的做。他这样我就这样，他不这样我就不这样，长此以往，必将作茧自缚，畏首畏尾，一无所成。

老子之前没有老子，孔子之前没有孔子，释迦牟尼佛之前没有释迦牟尼佛，王阳明之前没有王阳明，曾国藩之前没有曾国藩，梁启超之前没有梁启超，齐白石之前没有齐白石，乔布斯之前没有乔布斯，他们向谁学习，向谁抄袭，向谁模仿？因为他们能开创自己的新世界，所以他们的成就无人能及。

历史上数之不尽、说之不清的帝王君主，能万古不朽的，永远是秦始皇嬴政、汉高祖刘邦、隋文帝杨坚、宋太祖赵匡胤、元太祖成吉思汗、明太祖朱元璋等这几位王朝创建者。他们事业的继承者能名垂天下，无一不是他们在事业上有所开创、有所表现。

不但帝王君主如此，就是科学家、文学家、艺术家、发明家、哲学家、思想家等等，都是如此。他们总是现实与先例的怀疑者与破坏者，总是打破旧世界与开创新世界者；没有他们，世界文明就没有进步，我们就会处于数千年前的混沌天地中。

如果你还没有到达你想要的高度，还没有进入你想要的境界，或者还没实现自己的愿望，主要原因很可能出在你身上，而不出在你周围的人和事上。你需要负起责任、采取行动。然而首先，你必须相信自己的能力、相信自己的价值，不能躲起来干等别人发现你，也不能坐等奇迹或“时来运转”。

2. 挣脱心理上的枷锁

绝大多数人，绝大多数时候，只能靠自己。没什么背景，没遇到什么贵人，也没读什么好学校，这些都不是事儿。

关键是，决心要走哪条路，想成为什么样的人，准备怎样对自己的懒惰下狠手。向前走，相信梦想并坚持。只有这样，才有机会自我证明，找到想要的尊严。

先秦以前，诸子齐鸣，百家争艳，堪称学术思想的黄金时代。自从汉武帝罢黜百家、独尊儒术以后，学术归于一统，便扼杀了诸子百家，同时也扼杀了儒家，更扼杀了整个中国学术思想的发展前景，不但老子之后再无老子，孔子之后再无孔子，而且庄子之后再无庄子，孟子之后再无孟子，墨子之后无墨子，韩非子之后再无韩非子。思想言论止于老庄，止于孔孟，学术上无人再敢怀疑，无人再敢破坏，无人再敢开创。

当然，话说回来，古人所走的路，不是不能走，问题是不能止步不前，不能固步自封。古人建立起来的门墙，不是不能进入，不是不能升堂，关键是由门而入还要由门而出，建立起自己的门墙和居室，不再落入前人的窠臼，不能再栖身别人的屋檐下。能入能出，才是智者。

古人揭示的原理原则，并不是完全不能信，也不应该完全遵照执行。他们的原理原则，只是工具，不是目的；只是路径，不是家园。自己最终的成就，才是自己的世界。

在没有起步之前，必须有新目标，必须有新理想，而后才有新世界，才有新天地。

有许多人，总喜欢模仿大人物，认为要做大人物，就要从效法大人物开始。其实，就为人来说，他是他，你是你，我是我，大家虽然都是人，但各有不同。

因为都是人，他能做到的我应该也能做到；因为我与别人毕竟还是有所不同，我之为我，不必与别人完全一样；我之为人，不必与别人完全一样。

更重要的是，各人先天禀赋不同，后天学养不同，外在的环境不同，时代不同，内在的心性不同，气质不同，哪里能学到，学到后哪里能做到一致？

学习孙子，如果不身处孙子当时的氛围，便学不到他的那种谋略；学习诸葛亮，如果不身处诸葛亮当时的际遇，便学不到他的那种格局；学习文天祥，如果不身处文天祥当时的环境，便学不到他的那种气节。

一树之叶，看起来都是树叶，实际上没有完全相同的两片树叶；天下之人，看起来都是人，实际上没有完全相同的两个人。甘地，全世界千百年来只有一个甘地，再没有第二个甘地；拿破仑，全世界千百年来只有一个拿破仑，再没有第二个拿破仑；莎士比亚、歌德，全世界千百年来只有一个莎士比亚、歌德，再没有第二个莎士比亚、歌德。

有句话说："你以为挑起生活的担子是勇气，其实去过自己真正想要的生活才更需要勇气。"人生而自由，却无往不在枷锁之中。要想过上自由的生活，先要挣脱心理枷锁。要有向往自由之心，并且有争取自由的勇气，勇敢决绝地去选择自己喜欢的生活方式和人际关系。

3."非同凡想"，人人都能学

唐代书法家李邕说："似我者死。"学李邕的，绝不可能超越李邕。即便学到的，也只是皮毛。

东施效颦，只能增加其丑态；邯郸学步，反而丧失其本能。如果要成为某一领域的标杆人物，只能在"我"认为的特殊之处寻求发展，成就自我。

我的能力只能砍柴捕鱼搬砖，或者我的环境与际遇，只容许我砍柴捕鱼搬砖，我就尽我砍柴捕鱼搬砖的本分安然自得遵循天命，而不肆无忌惮为所欲为。

假设人人都只想安邦治国平天下救难民于水火，那社会上砍柴捕鱼的事情，又留给谁去做；人人都只想当将军做统帅，那捍卫国家民族的军人士兵，又交给谁去当？

诗人曹松有一句诗："凭君莫话封侯事，一将功成万骨枯。"值得崇拜的，不仅有功成名就的将军，还有那些青山荒冢埋葬的枯骨。

明白"虚名有什么用"的人生哲理，则自能甘心做个草根平民、芸芸众生。君不见玉环飞燕皆尘土，岂能区分大将小兵的不同之处？

本来，说尧的话，做尧的事；孔子慢走我也慢走，孔子快走我也快走，孔子奔跑我也奔跑，也是做人的一条捷径，可以让我们的行为不致越轨。然而，这样做毕竟使我们不是我们，使我们与别人没有两样。

一个人在了解和认识别人以前，应该先了解和认识自已，对自已有个透彻的了解和认识，然后才能知道如何去创造自己，就我与别人不同的地方创造一个真正的自我，切不可强求自己与别人相同。

强求自己这样那样，必然徒劳无功，于己无益。即使小有成就，也无法超越别人。

圣人之道千言万语归结为一句话，就是教人如何成就一个我，如何做最好的自己。

每个人都有自己的世界，每个人都有自己的天地。每个人在自己的世界去完成自我的尊严，完成自我的神圣，其意义与在别人的世界里去成就自我截然不同。仁者见仁，智者见智。见山是山，见水是水。

人生的意义与价值，在觉悟者与未觉悟者看来，也会截然不同。舍弃自己寻求真我，相当于骑马找马，骑驴找驴，何谈找得到。

我们要完成一个“我”，绝不可只是向人学步，向人效法，而必须运用大智慧、大理想、大创造力，建立起自己的园地，开发出自己的天地，使我成为一个前不同于古人，后不同于来者的我。这才是真正没有丧失我自己，真正能使我屹立于天地间。我生前得之于天地，死后还之于天地，希望与天地永存而不朽！

▶ 相信的力量

培根在《习惯论》中说：
思想决定行为，
行为决定习惯，
习惯决定性格，
性格决定命运。
企业家稻盛和夫提出过一个公式：
人生／工作结果＝
思维方式 × 热情 × 能力
没有任何人可以限制你，
除非你自己同意。
推倒一面墙，
人生便多了一条路。

在生活的未知里，
把握可控的自己。

五　细节力：小事决定成败

治大国，如烹小鲜。

有句话说："在这个浮躁的年代，只有自律的人，才能够脱颖而出，成就大事。"

有人总能脚踏实地，认真对待每件小事；有人却往往心比天高，眼高手低。

天下大事必作于细。每个人都有自己的人生事业，都有自己的人生意义，都有自己的人生理想。普通人的思维范畴，一般不超出想做大事、立大业、成大名，并以做小事为羞耻。心目中总感觉到大的比小的好，其实从哲学与真理的意义上来说，大小的分际与世俗人的看法差别很大。

人只要一心一意地做事，世间就没有做不好的事，我们平时所谓的大事小事，也只是相对而言。很多时候，小事不一定就真的小，大事不一定就真的大。关键在做事者的认知能力。那些一心想做大事的人，常常对小事嗤之以鼻，不屑一顾。连小事都做不好的人，大事也是很难成功的。

1. 不会做小事，也做不出大事

不积跬步，无以至千里；不积小流，无以成江海。

幼儿园的老师教导孩子们，勿以善小而不为，勿以恶小而为之。就是因为老师们明白，“小事正可于细微处见精神。有做小事的精神，就能产生做大事的气魄”。

不会做小事的人，也做不出大事来。不要小看做小事，不要讨厌做小事。只要有益于工作，有益于事业，人人都从小事做起，用小事堆砌起来的事业大厦就是坚固的，用小事堆砌起来的工作长城就是强硬的。

一个普通的职员，即使有很好的见解，通常被重用，也要煎熬一段不短的时间，最重要的是努力做到有让别人倾听到自己意见的资格和成绩，在别人眼里，你才是举足轻重，不易被人忽视。因此，从小事做起的工作，年轻时就应努力去做好。

有一家公司的人力资源总监感叹：“每次招聘员工，总碰到这样的情形：研究生与本科生、大专生相比，我们认为研究生的素质一般比后者高。可是，有的研究生自诩为天之骄子，到了公司就想唱主角，强调待遇。别说挑大梁，真正找件具体工作让他独立完成，却往往拖泥带水，漏洞百出。本事不大，心却不小，还瞧不起别人。大事做不来，安排他做小事，他又觉得委屈，埋怨你埋没了他这个人才，不肯放下架子干。我们招人是来工作、做事的，不成事，光要那研究生的牌子干吗？所以有时候，研究生、本科生、大专生相比之下，后两者反而更实际、更有用。”

很多人急于求成，想一步登天。要知道，基础打不好，后面做事便会处处碰壁。

认真做好每件小事，随着一件件小事的完成，生活也将不知不觉逐渐变好。

如同海尔集团张瑞敏所说："把每一件简单的事做好就是不简单，把每一件平凡的事做好就是不平凡。"越是小事，越能决定一件事的成败。

人生价值真正的伟大在于平凡，真正的崇高在于普通。最平凡，最普通却又最伟大，最崇高。从普通中显示特殊，从平凡中显示伟大，这才是做人做事之道。

小事，一般人都不愿意做。但成功者与一般人最大的不同，就是他愿意做别人不愿意做的小事情。一般人都不愿意付出这样的代价，可是成功者愿意，因为他渴望成功。别人不愿意端茶倒水，你就要更加端出水平；别人不愿意洗涮马桶，你就要更加洗涮得明亮；别人不愿意操练，你就要更加自我操练；别人不愿意做准备，你就多做准备；别人不愿意付出，你就多付出。

2. 做人不可以被大小限制

大处着眼，小处着手。

英国作家塞缪尔·斯迈尔斯说："那些真正伟大的人物，无一例外都是极为勤劳的人，他们从来不蔑视日常生活中的各种小事情。即使常人认为很卑贱的事情，他们也都满腔热情地去干，他们不仅比平常人更认真地对待这些琐事，而且总是真心诚意地去做好这些事情，当然也正是在处理这些琐屑的小事情中，他们增长了自己的才干。任何传世之作都不是偶然产生的，都不是凭空产生的，而是长期日积月累的结果。任何伟大的品格、超人的才能也不是凭空产生的，而是平常点滴积累的结果。那些不愿意干小事的人往往也干不了大事情。"

只要每件事都多做一点，每一件别人不愿意做的小事你都愿意多做一点，成功概率一定会提高不少。

做人不可以被大小限制，不可以被时间限制，不可以被空间限制。

人生三不朽，曰立德、立功、立言。因而，需要具有超越自我、超越时空的观念，跳出大小的圈子，成就普通而又最特殊、最平凡而又最高尚、最渺小而又最伟大的事情。

不因小而损害大，不因少而损害多。放弃大小的竞争，放下高下的念头，放下贪婪的欲望，而一心一意从小事做起，就是洗厕所、扫大街，也会比别人打扫得更干净。

教育家陶行知说："本来事业并无大小：大事小做，大事变成小事；小事大做，则小事变成大事。"

许多白手起家而事业有成的人，在小学徒或小职员的时代就能以最高的热忱和耐心去面对上司给予他们的工作，这是非常普遍的事实。我们不可能用数量来衡量工作的大小，"大在小之中"而不是"小在大之中"。

大部分的成功者都是在小事中寻找出大课题。无论小事大事，随时尽职尽责，人生也就能随时完成。生命是有限的，事业是无限的，应该把有限的生命投入到无限的事业中去。

3. 小事不是小人物的事

阻挡前进的不是高山大海，而往往是鞋底一颗小小的沙粒。

人的一生由许许多多偶然的和必然的事件组合而成，有时一次偶然的事件使某个人变成了大人物，有时一次偶然的事件使某个人变成了小人物。

在常人看来，大人物总是和大事件联系在一起，小人物总是和小事件联系在一起。有的人一辈子也不会做成一件大事。但是，无论大人物还是小人物，都会和一件又一件有必然性的小事发生关系。因此说，小事情是人一生中最基本的内容。

大事件是可遇不可求的，小事情却每天都在发生。顺利、妥帖而又快乐地去处理一件小事情是容易的，但每天都能顺利、妥帖而又快乐地去处理一件小事却是十分困难的。如果一辈子都无怨无悔地，谨慎小心地，愉悦欢快地去处理一件又一件小事，那大概要比做一件大事还要难。

大事能检验一个人的智慧、才能和品格，小事也能。如果每一件小事都做得漂亮、舒心，那也能得到极大的快乐和对自我的肯定。

一个人心甘情愿做小事，与大彻大悟地去做小事的人，与无觉解、无了悟做小事的人截然不同。有做大事的才能、学问、修养，却甘心做小事，自然与那些本来只能够做小事，而终身被小事纠缠的人，也不能同日而语。

就职业来说，企业的头儿、机关的领导要有人做，而扛枪站岗是战士的职责。我当农民就尽到做农民的职责，我做工人、做商人，就尽到做工人、做商人的职责，这对国家、对社会的价值，与做头儿做领导各尽其责，是等量齐观的。

星云大师曾说："一个有用的人，即使是小事，也能做得轰轰烈烈；一个无用的人，大事交给他，最终必然偃旗息鼓。"

看似毫不起眼的小事，最能反映一个人的真实品性。凡在小事上精雕细琢的人，大事必然也能够胜任。

庄子说："天下没有以秋毫之末为大，以泰山为小的，也没有以殇子为长寿，以彭祖为短命的。因其所大而大的，万物就不会不大，因其所小而小的，万物就不会不小。"

大小在自我的本体上，而不在他人的观念上，也不在名与不名，知与不知上。

悬挂在天空中的星星，我们看到它是小，却不能说它小，而且我们心中的小，也不能损伤它本体的大。何况还有许多没有被人发现、还不知道的大小存在着。例如星星依然还是星星，人们知道它而它的数量也不增加，人们不知道它而它的数量也不减少。

做人只是做人，千万不要为名声而做人，不要为了求人知道而做人。

培根说："虚荣的人为智者所轻蔑，患者所叹服，阿谀者崇拜，而为自己的虚荣所奴役。"老子说："知道我的人不多，就显示了我的尊贵。"

4. 没有小事情，只有小态度

做事不贪大，做人不计小。

天玄子说："安小处卑，就不会遭到怨恨；好大争高，往往招惹是非；争名夺利，容易丧失自身；守住雌柔，令人尊敬。"这几句话可以作为精妙的"处世四诀。"

做人要安心于做小事，自安于卑下的地位。能自安于做小事，处下位的人，他为人处世就无嫉妒、无强求，也就无怨恨、无过失了。我们要乐于做小事、处基层，并不是要求不长进，而是要在小事中做出大事来，在基层中做出高明来。

在第二次世界大战中，丘吉尔因为有卓越功勋，战后在他退位时，英国国会打算通过提案，塑造一尊他的铜像放在公园里供游人景仰。一般人享此殊荣，高兴还来不及，丘吉尔却一口拒绝了。他说："多谢大家的好意，我怕鸟儿在我的铜像上拉粪，那是多么的有煞风景啊。所以我看还是免了吧！"

伟大的人物、不朽的功勋只有经历史检验才能让人们记得住。

建造塑像不见得会使你的形象更加伟大，不见得会使你的名声更加响亮。可是，只要自己对人类、对国家、对民族有贡献，就是不得名、不得利，也不能增减丝毫的贡献。

黄金、美玉埋在土中，人们知道它是金玉它就是金玉，人们不知道它是金玉它还是金玉，人为地抬高它的价值或贬低它的价值，对金玉本身也不能增减丝毫。

“黄钟毁弃，瓦缶雷鸣”，封建时代许多皇帝是“瓦缶”，“黄钟大吕”难有成就。

孔子是春秋时一流的人物，却难以在祖国立身，只得周游列国，而列国也不肯任用他，使得孔子一身的才华无处施展。岂不知，在当时才华被埋没的像孔子这样的人社会上不知道有多少。

所以说人类历史上真正伟大的人才，经常被埋没在无声无息、无名无知的普通人群之中，没有得到合理的任用。可是在当时，人们做人的要旨，就是宁做毁弃的黄钟，也不做雷鸣瓦缶。

在忙碌与奔劳的生活中，我们要能了解自己是在“为工作、为事业”，还是在“为名心、为利欲”？有人忙来忙去，只是为了名利。有人所忙的是除了为生活之外，能充分发挥自己的天赋，对社会大众有所贡献。目的不同，心情也就不同。前者烦热，后者清凉。

英国诗人雪莱说：“品格可能在重大的时刻中表现出来，但它却是在无关重要的时刻形成的。”孟子说：“君子的一言一行不超出他的本分。”

每个人在本职岗位上都能做出伟大与高明的事业来，关键是看如何选择。

大事看能力，小事见人品。一个人是否靠谱，往往在小事上看得最清楚。有位收藏家曾在节目里说过：“认真对待每件小事，是成功的基本素质。”

有些人，什么都浅尝辄止，做事这山望着那山高，往往哪条路都走不通。而有些人却尽心尽力对待每件小事，更容易在某一领域有所建树。

为什么起点差不多的人，工作几年后，人生却有着天壤之别？是什么拉开了人与人的差距？是智商吗？是学历吗？还是家庭背景？

其实都不是。真正拉开人与人差距的，是对待小事的态度。

对待小事的态度，决定了人生的高度。真正优秀的人，会把做小事当成修行。因为他知道，把小事当成修行，不断磨炼心性、精进自己，不仅能成事，也能成人。

▶ 相信的力量

法国启蒙思想家伏尔泰说：
使人疲惫的不是远方的高山，
而是鞋子里的一粒沙子。
所谓成大事者，
是做好了一件件小事。
那些不经意的细节，
正是拉开距离的关键。

“这个世界很美好，
值得去奋斗。

六　精神力：生而为赢，自强不息

想过普通的生活，就会遇到普通的挫折。想过上最好的生活，就一定会遇上最强的伤害。如果生活已处于低谷，那就大胆走，因为怎样走都是在向上。

人生注定是要奋斗的。奋斗者的人生充满着希望和辉煌。生命在希望中延续，在辉煌中闪光。社会分工各有不同，只要每个人做好自己分内的工作，维持物质的丰厚，垒成社会的繁荣，他就应该为此而骄傲自豪。

就生活的价值而言，能够体味人生的酸甜苦辣，做过了自己所喜欢的事，没有虚度年华，心灵从容富足，则在富在贫，皆足安心。

就一个人所具有的价值而言，只要它确实存在，就绝不会因穿着华服或蓑衣而有所改变，关键在于有自持之态。不能嗜欲太过，乃至不顾一切，以不正当的手段去谋求富贵。当年，陶潜荷锄自种，稽叔树下苦练，都是贫介之士，生活在乡野之中，但他们自强不息的精神流传数千年。

1. 滋养刚健积极精神

红日初升，其道大光。知命不惧，日日自新。对于任何一个人来说，要想完成自己崇高而伟大的德业与事功，便不能不滋养自己崇高而伟大的刚健积极精神。

有的人，之所以能出类拔萃超越世俗，而上参天地下垂万世，全都在于精神，在于充盈着我一身的精神，在于充盈着天地间的精神。要想胜过他人，首先要在精神上胜过他人；要想超越他人，首先要在精神上超越他人。

能力比别人弱小的人，首先表现在精神上比别人弱小。而在精神的要素中铸造出的圣贤豪杰，其主要动力也就是刚健精神与积极精神。

刚健使内劲收敛，发出来的力量无坚不摧。积极则是英气勃勃，迸发出来的能量一往无前。这两种精神相交相融，相辅相成，蕴于内而行于外。

这两种精神，数千年来在我国历史上，造就了无数的圣贤豪杰，也孕育了我国传统道德文化与民族精神。

从中国历史文化上看，刚健精神、积极精神，也可以称为儒家精神，也可以说是中国文化传统精神。

先秦之际，百家争鸣，百家竞立，在学术思想上大放异彩。道家、法家、墨家、阴阳家、纵横家等各个流派自产生之日起就对当时及后代，都具有深远的影响。

后来魏晋时期的玄学，南北朝隋唐时代的佛学，对当时与后代的影响更加深远重大。

历代都以儒家思想作为正统的主流，中华民族的五千年悠久历史之所以能绵绵不绝，实在有赖于儒家思想起了砥柱作用。每当处于危险时期，儒家思想常常能继绝兴废，力挽狂澜，引百川东流。

2. 人无刚骨，安身不牢

人不可有傲气，但不可无傲骨。

所谓刚健的精神，也就是强者的精神。《易经》从乾卦开始，乾是纯阳、纯刚的正气，就是刚健。

适中、均衡，达到了纯粹精妙的境地，这是刚健；终而复始、生生不息，这是刚健；阳刚阴柔相互变易，不可当成不变法则，这是刚健；无论做什么事情都要有一股顽强的拼搏精神和泰山压顶不弯腰的气概，这是刚健；元始，亨通，和谐有利，正固持久，这是刚健。

孔子说："《诗经》三百篇，用一句话来概括，就是'思想纯正'。"思想不刚健、不中正又怎么能谈得上纯正呢？孔子的这句话也是"天地间的正气""民族的正气"的根本所在。

近代历史以前，从宋代至清朝，人们的思想有所偏误，致使国势日非，远不及汉唐时期的盛况。就像影响较大的，如程、朱、陆、王几家，都是出入佛家而返归儒家的，他们总是在寂静柔和中认识"道"，认识"仁"，认识"本体"，而遗忘了《易经》上所说的"生生不息"的大作用。

由孔子所说的"刚毅、不善言辞接近仁"，便可以证实仁确实具有刚健的盛德，而不只是柔和。王阳明虽识得"生生不息"的真谛，总还免不了受外界的影响，只从寂静中去识取"本体"。

宋明理学家、心学家的手中功夫，也就是入道功夫，大都与这个有所差异。他们的学说难入上乘，只是在空疏、拘泥、文弱、萎靡中转圈子，失去了刚健的锐势。于是，民族性的生命力、精神力，那时就在不知不觉中受到侵蚀而逐渐衰弱。这是历代学者很少看出的，确实使今天的人大有一番感叹啊！

1921年，徐悲鸿在欧洲留学期间，一个外国学生当面挑衅："你们中国人愚昧无知，根本成不了才。"

徐悲鸿被这番话激怒了，回应道："我代表我的祖国，你代表你的国家，等到结业之时，我们比一比，看看到底谁是人才，谁是蠢材？"

从此以后，徐悲鸿更加发奋学习。去博物馆学习临摹的时候，常常带上一块面包一壶水，一坐就是一整天。他的努力感动了法国画家达仰，达仰邀请徐悲鸿到他的画室，并亲自指导他画画。经过一番努力，终于学成归来，成为一代大师。

人无刚骨，安身不牢。没有骨气，人就像是无根的浮萍，生活变得麻木不已。而有了骨气的支撑，就可以变得无所畏惧。

3. 大仁、大智、大勇

烧不死的鸟是凤凰。真正的勇气是面对恐惧而依旧要爬上那座山。

任何一个民族的自强不息的精神，都是由劳动人民的滋养和长期的历史文化孕育而成的。从中国史看，黄帝百战征伐尚武的精神，唐尧虞舜禅让的精神，大禹治水的精神，汤武除暴安良的精神，秦始皇修筑万里长城的精神，隋炀帝开凿大运河的精神，汉唐元时代开拓边疆的精神，没有不是以刚健精神、积极精神陶冶熔铸而成的。

只有刚健精神才能成就品德，只有积极的精神才能获取道义。孔子以"智、仁、勇"推行美德，推行天下的大道，实际也是以仁为中心。

以智能知仁，以勇可行仁。怀仁的人则刚毅，所以“只有怀着仁德的人，才能爱人，才能恨人”。怀仁的人则勇敢，所以能“当仁不让于师”。

谈到仁，必然谈到人，这不是个人主义的思想，而只求成就一个自我，它包容万物，所以能“自己想立人就能立人，自己想达人就能达人”。能够以“天下为公”，必然能使“老人有所归宿，儿童有所成长，壮年有所作用，鳏、寡、孤、独、残疾人，都有所供养”。所以说仁的精神，实际含有群体精神、服务精神、利人精神、利世精神。

每个人都可以是优秀的，差别就在于如何修炼自己。

孔子说：“有智慧的人没有迷惑，有仁德的人没有忧愁，勇敢的人没有畏惧。”儒家的大仁、大智、大勇精神，与“成仁取义”的精神，都是要人们认识仁德，成全仁德；认识正义，成就正义；认识“成仁取义”的真理，成就这个真理。因为只有认识确切，才能做得真实，才能产生浩然雄浑的正气，才能面临重大抉择时都不肯改变自己的节操。

做人做事实践儒家提倡的行仁行义精神，就能形成刚健精神、大无畏的精神、不怕死的精神、为国家为民族敢于献身的精神。

4. 壁立千仞，无欲则刚

被称为“开眼看世界”第一人的林则徐，任两广总督期间曾手书一副自勉联：

海纳百川有容乃大，壁立千仞无欲则刚。

上联用瀚海容纳百川的气度，告诫自己要广收博采，从善如流；下联用悬崖绝壁挺立雄峻的姿态，砥砺自己做到刚直不阿，杜绝私欲。

《中庸》中记载：

子路问孔子："怎样才算是强呢？"

孔子回答说："你问的是南方的强呢，还是北方的强呢？或者还是你认为的强呢？用宽容温和的方法去教化别人，对于蛮横无理的人也不加以报复，这是南方人的'强'，君子就属于这一类；经常枕着刀枪、穿着盔甲席地睡觉，上战场毫不惧怕，拼杀而死也不后悔，这是北方人的'强'，性格强悍勇武有力的人属于这一类。所以，君子善于在人际间协调，又决不随波逐流，那才算得是'刚强'！君子信守中庸，独立而不偏不倚，那才算得是'刚强'！国家政治清明，遇艰难不变志向，那才算得是'刚强'！国家混乱，社会动荡，君子到死不改变品德和信念，那才算得是'刚强'！"这就是孔子"发强刚毅""齐庄中正"的圣贤气象。

唯有自强不息，才有日后的成功与辉煌。圈子不同，不必强融。理想不同，不争输赢。是凤凰，必能浴火重生；是蝴蝶，必能破茧而出；是人物，必能成就自我。

赫伯特说："你越热情，越果断，越不拖泥带水，就越有人喜欢你。"与其追马，不如种草，引来群马，供你挑选。与其求人，不如靠己，能力提升，底气十足。圈子虽小，干净就好。进不去的世界，真没必要强挤。因为每个人都有独特的风骨。

▶ 相信的力量

不要因为一次的失败而觉得自己永远都是失败，
不要因为一次的错过而觉得自己就是终身错过，
更加不要因为一次的摔倒而永远不想爬起来。
未来会怎样，

要用力走下去才知道。
既然认准了一条路，
又何必去打听要走多久。
先变成更喜欢的自己，
路还长，天总会亮。

> 别在吃苦的年纪，
> 选择了安逸。

七　忍耐力：在绝望中寻找希望

天下没有白受的苦，也没有白走的路。

人生每一步都算数。

命运安排让你受伤，是为了让你变坚强；

命运安排让你受骗，是为了让你变聪明；

命运安排敌人给你，是为了让你超越自己；

命运安排让你倒下，是为了让你站得更稳；

命运安排让你迷路，是为了让你找到新路。

如果你用较大的视角来看，你将了解发生在你身上的事，是为提升你的才智，是为更大的成功在做准备。要不是因为过去发生的那些事情，你将不会是今天的你。

今天很残酷，明天更残酷，后天很美好，但大部分人都死在明天晚上，看不到后天的太阳。不管是否愿意，生活总是不以人的意志为转移地将难题、困窘推到你的面前，让你时常领略到痛苦的滋味。艰难困苦，是磨炼人格、意志的最高学府；上天给人一分困难时，同时也给人一分智慧。所以遇到困难时，就要恬淡、冷静地对待它。没有战胜过困难，没有负过重负的人，不能成为真正的人。

遇到困难时，勇猛地克服它，这样就能底气自足。古代哲士说："经过忧虑患难就会振兴国家，贪图安逸享乐就会惨遭灭亡。"又说："多难兴邦。"克服困难，冲破危险，是人生的第一美德。

1. 风筝逆风而上，英雄逆境而上

能用金钱解决的问题，就别用人情；能用汗水解决的问题，就别用泪水。

有一个问题说："毁掉一个人最好的办法是什么？"

有个高赞回答说："先给他足够的安逸，然后再剥夺他的安逸。"

《动物世界》播过这样一个纪录片。非洲夏夜的沙漠中，一只毛驴正在吃草，这时，几只蝙蝠飞过来落在了毛驴的背上。

刚开始，毛驴不停地抖动身子想要把蝙蝠赶走，但是蝙蝠伸出细小的舌尖轻轻地舔舐毛驴背上的毛，渐渐地，毛驴感到很舒服，便不再赶走蝙蝠。

就这样，毛驴在舒适中被麻醉了，蝙蝠一会儿就咬了个小口，与同伴轮流喝干了驴子的血。

人性的一大弱点，就是沉溺于舒服与安逸，结果一点点毁掉了自己。要知道，这所谓的舒适，都需要你来买单。一味享受安稳，往往使人丧失斗志，人生也逐渐沦为平庸。

伟大的人生，来自于经历了伟大的困难危险。没有经受过困难危险的人生，会落于渺小平庸之中。

孟子对此做出的解释是："上天要把重任交给某个人时，一定先要磨炼他的意志，使他的筋骨辛苦劳累，使他的肠忍饥挨饿，使他身受穷困，使他做事总是受挫折遭打击，这样可以震撼他的心灵，坚韧他的性格，增长他的才干。"

困难，是方便动摇者和懦夫掉队回头的桥梁，但也是勇敢者前进的脚踏石。最困难的时候，也就是离成功不远的时候。

伟大常常伴随着困难而来。一个人做事时遭受的困难越大，他的成就也越大，成功率也越高。所以说困难是伟大的主人，没有困难就没有伟大。

人没有困难，就如同黑夜没有灯光一样。现实是残酷的，现实正由于其残酷而精彩、美丽。只有在失败的铁砧上不断锤炼，才能锻造成铁一样的品质。

风筝逆风而上，英雄逆境而上。正视现实，最重要的就是要正视困难。困难可使强者越强，勇者愈勇，也可使弱者更弱，从此一蹶不振。

贝多芬曾陷入近乎绝望的困境中，当他才华横溢之时，他的双耳失去了听觉。贝多芬一度无法接受这个残酷的现实，整天酗酒，真想一死了之。但是，音乐的力量又使他重建了信心，给了他第二次生命。他以更坚强、更无畏的精神来面对现实的困难。

“我要扼住命运的喉咙……”这种伟大的精神促使贝多芬在常人无法想象的痛苦中创作出了举世闻名的《命运》交响曲。

有人说：“人生最大的挑战不是你遇到多少困难，而是你愿意面对多少困难。”

不磨不成玉，不苦不成人。患难困苦，是磨炼人格的最高学府。自然给人一分困难时，同时也给人一分智力。

现实社会是一个充满挑战与竞争的社会。人人都会遭遇困难险阻，能战胜它就会成功，不能战胜它就会失败。

在困难面前，不能俯首帖耳，不能举手投降，不能屈服，只有勇猛奋起，把它打倒在脚下，才是胜利者、成功者。

遭遇困苦时，以恬淡对待它，心里自然安定；遭遇患难时，用威猛克服它，勇气自然充足。

人生是一幕最复杂、最残酷、用血汗渲染的争斗性的戏剧，它尝尽了甜酸苦辣千百种滋味。在人生的争斗过程中，不是你征服困难，就是被困难征服；不是你掌控事情，便是被事情掌控；你不能战胜挫折，就会被挫折战胜。

2. 不要被事情打倒，不要被困难打倒

平静的湖面，练不成精悍的水手；安逸的环境，造不出时代的精英。

一个人总是有些拂逆的遭遇才好，不然是会不知不觉地消沉下去的。人只怕自己倒，别人骂不倒。

不能忍受奋斗的困苦，那么在一生之中，充其量不过是在人群中享受着对他人的顶礼膜拜、鞠躬打揖。这样，何处去寻找开心与快乐，何处去寻找幸福与健康呢？

不要叫别人打倒你，不要叫事情打倒你，不要叫困难打倒你。不管担任的是什么角色，能不能成功，这纯粹要看表演技能如何了。越是能坚持，越是能奋斗，成功的希望就越大。

一个人万万不可以因为环境的险恶困难而灰心丧气。如果愿意花五分钟时间挺过最紧要的五分钟，胜利就会跳到手心里来。

《易经》困卦上说：“困卦象征困穷，努力拯济必能亨通。只有坚守正道的大人君子可获吉祥，不会招来灾祸。此时纵然有所言语，也未必能使别人相信。”

处境困苦而内心和平，是困卦的品德。虽然身处困境，但不失其操守，穷中求通，恐怕只有德才兼备的君子才具有这种信念。所以说：“吉祥不会招来灾祸。”

上天对每个人都是公平的，都有一套金科玉律，概括起来

就是：

想要快乐，必先痛苦；想要给予，必先夺取；想要成就，必先挫败；想要安定，必先危害；想要收敛，必先扩张；想要削弱，必先加强；想要废除，必先抬举；想要提拔，必先踩踏。

只要看看古今中外那些成大事者，十之八九都是从患难中奋斗得来的。甘地说：“到达和平之路，在于自我牺牲。吃苦是人类所以为人类的界限。”

孙子在兵书里说：“把士卒投入危地，然后人自为战才能转危为安；把士卒陷入死地，然后人皆奋勇才能转死为生。军队陷入危害的险境，然后才能争取胜利。”又说：“士卒深陷危险境地，就无所畏惧，无路可走，军心就能稳固。深入敌国，军队就团结，人心专一而不涣散。迫不得已时，就会拼死战斗。”不只是用兵这样，生活、工作、学习，都这样。

3. 咬得菜根，百事可做

任正非常说：“从泥坑爬出来的是圣人。”他要求华为的干部要能上能下，要有大局意识。毕竟，不经磨难，何以成才。

金庸在杭州讲学时概括人间有七苦：生、老、病、死是苦，求不得、怨憎会、爱别离也是苦。

老、病、死自然是苦的，生为什么也是一苦呢？金庸说，一个人只要认真地生活，就会遇到许多麻烦与苦恼。另外三苦，也意味深长。

一为求不得，你一心想追求的东西（包括金钱、荣誉、地位），尽管费心费力，却始终是可望而不可即。

二为怨憎会，俗称冤家会，有的人生性凶悍奸恶，言辞刻薄，工于心计，对这种人避之唯恐不及，偏偏他是你我的同事，或不幸成为你的伴侣，怎么办？必须忍耐。

三为爱别离，一个人一生要遇到一个真心倾心相爱的人很不容易，遇到了却要分手，岂不叫人痛彻心扉？

人间七苦

人间七苦，每个人都可能遇到。生活是一杯苦咖啡，香醇中掺杂苦涩。人活着就要接受许多挑战，要面对许多难题，所以生活的本质是苦。

从另一个角度看，苦是一种警讯，它告诉自己有了难题，有了危险和困境。如果不愿意正视它，不愿设法解决眼前的难题，那些难题就会累积重叠，形成更严重的困境，集合成更巨大的痛苦，导致生活的溃败。所以每个人都必须设法消除困境，解决问题，才能够泯灭痛苦。

吃得菜根香，啥事皆可为。人咬得菜根，则百事可做。

有一所大学的校训是："嚼得菜根，做得大事。"菜根，代表了生活的清苦和艰辛。想事业有成，就必须经受得住日常工作、形形色色的诱惑以及各种艰难困苦的考验，在这些考验中，应该能行得正、走得稳。而且，也应该经受得住实际生活的痛苦和困难的考验。

人是注定要受"苦"的。出家人必须苦修，音乐家必须苦练。

吃得苦中苦，方能做成事。

“苦”使人头脑清醒，意志坚强，精神抖擞，身体健康。自古圣贤豪杰都是苦出来的，绝不贪图舒适享乐。

历史上特殊的人物，大多是从艰难困苦危险中奋斗出来的。拿破仑、华盛顿、林肯、甘地等划时代的豪杰，都不例外。汉高祖刘邦原来只是一个小小的亭长，明太祖朱元璋原来只是一个小和尚。

再从中国历史往前追溯，舜曾经是一个庄稼汉，傅说曾经是一个建筑工，胶鬲曾经是一个商贩，管仲曾经是士人，孙叔敖曾经是渔民，百里奚曾经是陪嫁的奴仆。

我们不要把自己的发展力量估计得太渺小，把环境的束缚力量估计得太大。只要抱定一种必胜必成、不死不休的精神，勇敢地与外力拼搏，一定能有成就。

孟子说：“自己摧残自己的人，不能和他讲什么大道理；自己抛弃自己的人，不能和他做什么大事情。开口便非议礼义，这便叫作自己摧残自己；认为自己不能以仁居心，不能践行道义，这便叫作自己抛弃自己。”对于自暴自弃的心理，应该保持警惕。

4. 痛苦使人头脑清醒

生活的真相是：除了睡觉，其他的都挺难。

生活本质是苦的，生命本质是苦的。要接纳它、面对它，要能解决问题。只想逃避它，一味地“拖延”，以为时间拖过去了，问题就会消失，痛苦就能解决，那就大错特错。

德国哲学家包尔森说：“幸福、成功、走运，对品性是一种危险，最后，对幸福本身也是一种危险。”他引用《浮士德》中的话说，享受使人退化。

在包尔森看来，“逆境、失败和受苦使人得到训导、变强和纯洁的效果。不幸可以锻炼意志，能忍受困苦的意志在压力下变得坚韧和强健起来。它也给了我们以忍受不可避免的痛苦的耐心，训练了我们考验和测试自己及自己各种力量的能力，使我们节制我们的要求”。

包尔森讲的这番话，主要是艰难痛苦对人的心灵的训导、纯洁作用。虽然痛苦对于一个人来说并不是什么好事情，但是凡事都有两面性。

痛苦可以使人头脑清醒，使人正确认识自己，使人总结经验教训；痛苦可以使人认识到在平常状态下，尤其是在处于幸福状态下无法认识到的问题。

没有吃不了的苦，只有享不了的福。人们忍受苦难的能力，是非常大的。不论有多么大的困苦，都可以千方百计去克服。

就一个企业的经营来说，也是一样。企业要成功，要步上康庄大道，就要克服困难，懂得吃苦耐劳。要消除痛苦就要有刻苦耐劳的韧性。

尽管人们极力追求成功，追求幸福，同时人们极力躲避痛苦，但是成功少不了痛苦，它是无论如何也躲避不了的事。

人们能够做到的，只是如何缩短痛苦，减少、避免那些由于自身的原因所造成的痛苦。而在遇到痛苦之后，则力求化解痛苦，争取幸福。

从情感上讲，痛苦是人人所厌恶的。肉体上的痛苦，或者使人疼痛难忍，或者给人的生活带来诸多不便。有一些肉体上的痛苦，还会给人带来心灵上的创伤。

灵魂中的痛苦，较之肉体上的痛苦，对于人来说，是更加难以忍受的。它或者是自我的谴责，无尽的悔恨，痛不欲生；或者是感到成功的艰难，怀疑成功的意义和价值；或者是处于一种难堪的境地，进退不得，左右不得；或者是受到外来的压力，使人感到没有任何前途；或者是心中不平，使人倍感不公。诸如此类的痛苦，是任何人都极力想要避免的。

从理性上看，痛苦并不尽是成功的仇敌，不要把它视为绝对的恶。应该看到，那些必然的、不可避免的痛苦，是有双重品格的，它既是获取成功时难以完全避免的，也是人在争取幸福的过程中不可缺少的一种动力。

一个人要活得健康、幸福，就要会吃苦耐劳。对功成名就的人，一般人只知道羡慕其成功，却很少去理会他成功以前，究竟尽了多大的努力以及吃了多少难以言状的苦头。

5. 伟大的背后是苦难

万事开头难，中间难，结尾也难。

拿破仑说："困难可以诱发人们生命中坚忍的潜力，危险可以开启生命中勇敢的潜力，痛苦可以挖掘生命中成功的潜力。困难、危险、痛苦三者都能引发生命的光芒。而困难越多，危险越大，痛苦越深，成功与发出的生命光芒也越大。"

一件大事业的成功，自然不像吃喝拉撒那样容易。那些著名的发明家、探险家，他们成功的历史，没有谁不是经过百千次的失败与危险，受尽了极其恶劣环境的压迫与摧残痛苦，坚持着常人难以忍受的困苦，再冲破最后的关头，才取得成功的。

史蒂芬逊是大家熟悉的火车发明家。1781 年，史蒂芬逊出生于英国，他的双亲都是矿工，家境清苦，他十多岁便在矿场上班，18 岁时，才有机会上学。毕业后，又到矿场当技工。由于从小目睹矿工工作的艰辛与危险，史蒂芬逊决定为矿工解决工作的难题，首先他发明了巧妙的矿坑安全灯，解决了采矿的照明问题，减少意外的灾难发生。

其后，史蒂芬逊看到矿井底下运煤困难，又致力于火车的研究，希望帮助矿井工人减轻运煤的辛劳。当时想研究火车，需要大的经费投入，史蒂芬逊虽然每天过着清苦的生活，但追求成功的意志鼓舞着他克服种种困难，终获成功。

有人说："环境越是困难，精神越能发奋努力。困难被克服了，就会有出色的成就。这就是所谓'艰难玉成'。"贝多芬说："卓越的人的一大优点是：在艰难困苦的遭遇里百折不挠。"不论做什么事经营什么事业或在任何工作岗位上，都要能吃苦，会吃苦。唯有能面对问题、解决问题，遇到错误立刻改正，才是成功之"道"。

佛祖释迦牟尼说，人不只是要养成一种真正吃苦的习惯，还要把它当作是一种修行，吃苦耐劳是精神生活的核心，这是佛教教义的基础。至于中国儒家的精神，也是大力提倡勤奋，要有自强不息的进取态度！

▶ 相信的力量

不想苦一辈子，就要先苦一阵子。
时间玩得起我们，我们玩不起时间；
在吃得起苦的时光里，别太安逸；
在吃不起苦的日子里，别太逞强。
生活是讲究节奏的，
该奋起直追时，就全力以赴；
该养精蓄锐时，就从容休养。

> 杀不死你的，
> 只会让你更坚强。

八 意志力：谁的青春不迷茫

没有伤痕累累，哪来皮糙肉厚。英雄自古多磨难。

事业的成功，首先在于有顽强而坚定不移的意志、不屈不挠的精神。不屈不挠的精神，根植在顽强而坚定不移的意志中。

做人如果不在千难万死中获得新生，他的生存和生活便缺少意义；事业不在千险万败中获得成功，它的成就与传承便难以长久。所以有人说：困难是圣贤的礼物，挫折是英雄的礼物，失败是成功的礼物。

德国军事理论家和军事历史学家冯·克劳塞维茨说："没有权威的意志，不能将命令贯彻到一兵一卒，就很难成为合格的军队总指挥。"

越是最艰难、最困苦的时候，越能磨炼人的意志，越能检验人的道德与良知，越能锻炼人和提高人的技能。意志是人类智力的顶点，意志不顽强坚定，智力就没有落脚点，一遇到困难，就会停下前进的脚步。为山九仞，功亏一篑，就是意志不顽强、不坚定所导致的。

1. 世上无难事，只怕有心人

哪有那么多一夜成才，其实都是百炼成钢。

做一件事，应该有愚公移山的意志和夸父逐日的精神，不畏生死，传之后代，就没有不能达到目标的。

一曝十寒，东西很少还有生命；一作十休，事情很少还能成功。今天这样，明天那样，功业没有能成就的；今年向东，明年向西，行动没有能达成的。大禹治水，九年在外，三过家门而不入，腿肚上没肉，小腿上没毛，终成大业。

古代马其顿国王亚历山大，以不到五万的步骑兵，粉碎波斯帝国的数百万大军；中国元朝建立者成吉思汗，以少数精锐部队横扫欧亚，令西方人闻风丧胆。

开始时，没有过人的意志难以兴起；结局时，没有坚强的意志难以成功。

普通的人都可以成为尧舜，可以成为孔孟，开始时，众人无不嘲笑他狂妄自大，等到成为尧舜和孔孟时，却说："这是天意啊。"哪有什么天意？是坚强的意志要他这样吧。

商朝末期孤竹国国君的儿子伯夷叔齐，为了坚持立场，宁愿饿死在首阳山，也不吃周朝的粮食；明朝儒学大家方孝孺，宁愿承受肢体分裂的磔刑，也不为皇帝起草即位诏书，都是坚强的意志让他们这样。拿破仑说他的字典里没有"难"字，他坚强过人的意志流露无遗。

世上无难事，只怕有心人。天玄子说："宇宙可以触摸，大海可以潜入，泰山可以铲平，地狱里的罪人都可以挽救。意志坚忍之人，百事可成。"

孟子说："禹厌恶美酒而喜爱有道理的话。汤坚守中庸之道，选拔贤人不照死规矩办。文王对待老百姓就像对待受伤的人，渴望真理就像从未见过一样。武王不轻侮近臣，也不遗忘远方的贤人。周公想要兼学夏、商、周三代的王来实践禹、汤、文王、武王所行的勋业，自己的言行有与他们不符合的，就仰头考虑，白天想不好，晚上接着想；侥幸想出了结果，就坐着等待天亮去付诸实施。”如果没有坚强的意志作为支撑，心中必定摇摆不定，左顾右盼，如何获得成就？

人生路上常有风雨。再难的路，只要不放弃，一直走下去，总会走到终点；再重的担子，笑着是挑，哭着也是挑，又何必让自己难堪；再不顺的生活，撑一撑，也就过去了，笑容，最终会出现在脸上。

2. 坚定意志，不屈不挠

这个社会不分大小，只分强弱。混得越惨，就越容易感受到世界的恶意。

那些不能完成学业、不能修养道德、不能获得名声、不能建立功业的人，却大言不惭地说：“这都是由于我的天赋不如人，我的环境不如人，我的机会不如人。”这都是胡说，都是狡辩，都是没有坚定不移的意志和不屈不挠的精神造成的。

战争的胜利，属于能坚持到最后一分钟的军队，事业、学业也是这样。

古希腊有一幅二牛相斗图，名为“最顽强者胜”，怎样顽强，怎样获胜，都是依靠意志。古人说“精神超越物质”，这不是普通的精神，而是不屈不挠的精神。

奥里森 · 马登说：“世界上一切伟大的成就，都属于别人放弃而自己还在坚持的人。但凡一个当别人嘲笑他愚蠢时，还肯坚持到底的人，其前途不可限量。”

坚定意志和不屈不挠的精神，是战胜困难、突破危险的金钥匙。失败不是一个人最后的命运，死亡才是。诸葛亮说：“鞠躬尽瘁，死而后已！”

司马迁说：“相传周文王被拘囚羑里（今河南汤阴）时，将八卦推演为六十四卦，完成《易经》一书的纲要；孔子周游列国，曾遭受围攻、绝粮等困苦，但回鲁国编成了《春秋》；楚国大诗人屈原被怀王放逐，写成了抒发遭遇不幸后悲愤心情的《离骚》；春秋时鲁国史官左丘明因为失明，写成了《国语》一书；战国时军事家孙膑被魏王处以挖去膝盖骨的酷刑后，写成了《孙膑兵法》；战国末秦国丞相吕不韦，被秦始皇放逐于蜀（今四川），留下传世之作《吕览》；战国末韩国公子、法家思想集大成者韩非入秦后，被同学李斯陷害下狱，著有《说难》《孤愤》；《诗经》三百篇也大多为圣贤发愤。”而司马迁先生自己著作的《史记》则是遭受腐刑后创作成功的。这些故事，都是在困难中不低头、不灰心、继续奋斗而造就的历史纪念碑。有谚语说：“事业是劳动的积累。”

3. 越怕苦，越诸事不顺

不怕苦，苦半辈子；怕苦，苦一辈子。

马登说：“你的出路就在自己身上。在你以为出路是在别处地方或别人身上时，你是要失败的，你的机会就包裹在你的人格中。你的成功可能性，就在你自己生命中；正像未来的栎树隐伏在栎子中一样。你的成功就是你的自我之演进、开展和表现。”

黎萨尔说：“善良正直的人必须遭受苦难，他们的理想才能传播和推广。你必须摇动瓶子，或是把它打碎了，才能把里面的香气散发出来；你必须敲打石头，才能迸发出火花！”

困难可以试验一个人的品格，非常的境遇方才可以显出非常的气节；风平浪静的海面，航行的船只都可以并驱竞胜；命运的铁拳击中要害的时候，只有大智大勇的人才能够处之泰然。

一个活得诸事不顺的人，大多是源于以下三个底层逻辑。

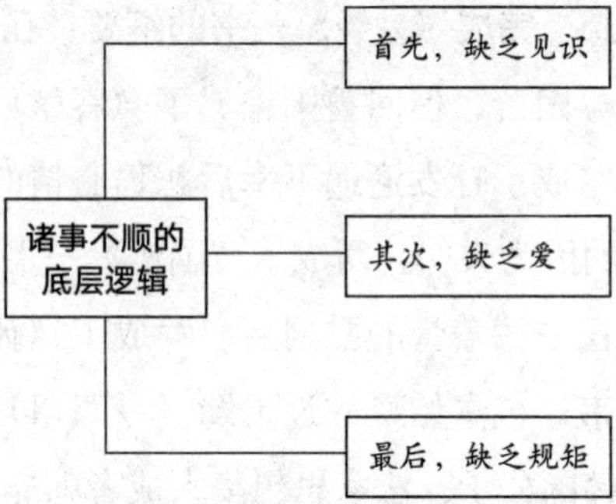

诸事不顺的底层逻辑

首先，缺乏见识

没有见识，视野就被局限了。人际交往中有这样的体会：和某些人讲道理永远讲不通，这并非是那些人故意要作对唱反调，而是他们实在没有见识，大家的认知根本不在一个层面上。

庄子说："井底的青蛙不可能谈论海，是因为它的眼界受狭小居处的局限；夏天的虫子不可能谈论冰，是因为受到时令的限制，它们活不到冬天。"就是这个道理。

对于在见识上不长进的人要少和他们来往，更不要和他们争论，因为道理讲不通，白费口舌。

其次，缺乏爱

经常听到有人说某某人太小家子气，成不了大事。小家子气，其实就是缺乏爱的表现。有的心理学家分析，贫穷的人小时候被人瞧不起，于是长大后没有安全感，对钱财特别贪恋。

这个解释未必说得通。贪欲其实除了圣人，谁都或多或少有一点。穷人也有不贪的，富人也有极为贪婪的。

很多人小时候因为家里穷，父母没有条件太关爱他们，而在学校和社会上又常常遭人冷眼，因此缺乏爱。这就造成了他们不懂得关爱别人、不懂得分享。对于一些人来讲，小时候其实家里不穷，但是没有培养关爱他人的习惯，以至他们长大以后非常小家子气。

缺乏爱的人难以大气，不大气的人做不成大事。很多人以为有了钱就有了一切，但如果钱只花在自己享受上，并没有发挥它的最大效能；相反，如果花在别人身上，投入到社会中，将会获得更高的回报。

最后，缺乏规矩

什么是规矩？规矩是分寸，是底线，更是人品。

无规矩不成方圆。与人交往，修身养性，处处都离不开规矩。

缺乏规矩会令人踩到别人的脚趾而不自知，其结果是，轻则没有人愿意帮他们，重则大家会和他们作对，而这个世界上没有人帮助是不行的。当然，这些人也会感觉到别人对他们不友善或者敬而远之，但是常常还不知道原因，于是便对人、对社会产生一种戾气。

曾国藩的弟弟曾国荃满腹经纶、能力非凡，可惜他是一个有才能不守规矩的人。他本可以凭借自己的能力闯出一番天地，却贪赃枉法，使前途断送。

像上面曾国荃因心术不正误了大事的人并非个例。一个 70 多岁的老太太向飞机发动机里撒了一把硬币，说是祈福，不仅造成了不小的经济损失，而且耽误了同机乘客的宝贵时间。说这位老人有多坏吗？也未必。有人说她没有常识，其实不是没有常识，而是没有规矩。

一群“熊孩子”从高铁发车后就一直在吵吵闹闹，严重影响到周围的乘客。列车员多次提醒无效，而小孩子的父母也任由他们肆意妄为，随意骂脏话。然而，周围的很多乘客都只是忍受着。这时候，有个女乘客站了出来怒斥这群小孩子。女乘客朝着孩子吵闹的方向，大声吼道：“从车子出发到现在多久了？你们还在一直吵闹不停，满嘴脏话。你们当家长的不管吗？这么大的孩子，没有家人管吗？你们现在不管，以后有社会替你们教育。”在听到了女乘客的怒斥教育后，这群“熊孩子”也安静了下来。

“熊孩子”的特点就是缺乏规矩。小时候缺乏规矩，长大以后就没有守规矩的习惯，那么将来的麻烦就很大。

缺乏见识、缺乏爱、缺乏规矩，是比缺钱更可怕的事情。没有钱，有一辈子的机会能够获得，而缺乏这三样东西，后天再获得的难度就非常大了，而它们的缺乏其实和穷没有必然联系。

4. 勇敢尝试，勇敢承认失败

往日不悔，未来可期。庸常之中，微芒不朽。

生活中每天都有失败的事发生。有些失败，是自己心中认为的失败。不承认失败，而是屡败屡战，永远有勇气、有毅力突破失败，争取胜利，那永远是不会失败的。

奥里森·马登说：“对于那些相信自己的能力，而不在乎暂时成败的人，没有失败二字。对于那些怀着百折不挠的意志、坚定不移的目标的人，没有失败二字。对于那些跌倒后立即爬起来、坠地后像皮球那样跳得更高的人，没有失败二字。”这是“失败是成功之母”的最好解释。

孔子回答樊迟问“什么是仁”时说：“仁人对难做的事，做在人前面；有收获的结果，他得在人后。这可以说是仁了。”

做事开头容易不能说会成功，人生首先享受快乐不能说会善终。逆境是人生中最适宜于奋进的境界，而且是最能磨炼人、增长才学的良好环境。

人生太过顺利可能会带来灾难。如果你回头看，就会发现挫折往往是一种福，而不是祸。

马云说：“要勇敢尝试，也要勇敢承认失败。”许多成功人士都说：“我失败过。”这是英雄式的宣言，是一种人生的豪迈，是对过去失败的肯定。致力于研究成功课题的人士指出，失败只不过是暂时性的挫折。暂时性的挫折是一种幸福，因为它会使我们振作起来，调整我们的努力方向，使我们向着不同，但更美好的方向前进。

暂时性的失败，在致力于成功的人士意识中，都不会成为永久的失败，只要你把它当作是一种教训。事实上，在失败中，都存在着一个持久性的教训，这种教训是无法凭失败以外的其他方式获得的。只有把暂时性的失败当作永久性的失败来加以接受时，失败才会成为一种破坏性的力量。

马云在年轻时，曾申请过哈佛大学 10 次，但每次都被拒绝。他还曾申请过出国深造的奖学金，也被拒绝。然而，这些挫折没有击倒他，反而激发了他的坚持和追求梦想的精神。

在创办阿里巴巴之前，马云曾从事过各种职业，包括英语教师和翻译。这段经历使他能够更好地理解中国企业家和外国企业家之间的沟通障碍，并有助于他打造阿里巴巴这个连接中国和全球的电子商务巨头。

做事难免失败，成功与否在于一个人作为攀登者的底色——选择迎难而上并且持续成长的能力。

在这个过程中，最可怕的是迷失了继续前行的方向且手足无措。

万事尽头，终将如意。如果知道为什么而活，如果能找到合适的工具与方法，就可以面对任何失败。

▶ 相信的力量

没有人天生幸运。
即使是天赋异禀的人，
也会有力不从心的时刻，
也会在某些时候承受各种压力。
而他们终于能够抵达终点，
是因为他们能够在来自
四面八方的质疑声中埋头挺进，
哪怕咬着牙，
也会一步一个脚印地向前走去。
生活，不会亏待那些努力的人，
也不会同情那些假装奋斗的人。
不要让未来的你，
讨厌现在放弃的自己。

“学习靠自己，
风生又水起。

九　阅读力：读书是一辈子的事

读万卷书，行万里路。

如何判定一个人是否厉害？一个人能利用学习的知识体系解决自己遇到的各种问题，那他必定是一个厉害的人。

西汉吴县人朱买臣家境贫寒，靠上山砍柴、卖柴度日。每次上山砍柴，他就把书摊开，放在树下，一边砍柴一边读书。砍好柴，挑柴回家时，朱买臣就把书放在柴担的前头，边走边读。汉武帝时期，朱买臣凭借自己的学识得到朝中大臣，同时也是他的老乡严助的推荐，做了大官。

三国时，有个名叫董遇的人，是个大学者，常常有朋友来请教他。董遇常说：书读百遍，其义自见；要多多利用“三余”时间来读书。

什么是“三余”呢？“三余”就是三种空闲时间。冬天，没有多少农活，这是一年里的空闲时间；夜间，不便下地劳动，这是一天里的空闲时间；雨天，不方便下地干活，也是一种空闲时间。后人用“三余”泛指空闲时间，多用来指读书，有珍惜时间的意思。

学习可以发掘天地的“真”，学习可以增加天地的“美”，学习可以充实天地的“善”。改造人生、改造天地、改造世界，为人类开创一个新境界、开辟一个新天地、开拓一个新局面，不从学习着手，便无法成功。

学习是做人的根本，学习是立德的根本，学习是建功的根本，学习是立言的根本。不能学习的痛苦，比身陷囹圄更加强烈。人生先要学习，得到学问，然后才有智慧，才有胸襟，才有执行力。自古以来，没有圣人不力学，没有英雄不读书。

人人都是普通人，如果要超越别人，只有从读书学习下手。不但圣贤君子从学习里来，英雄豪杰从学习里来，就是世俗间有如过眼云烟的富贵、功名、利禄等短暂的荣华事业，无一不是从学习里来。

学习可以充实人的知识，可以培养人的智慧，可以增进人的才能，可以陶冶人的品格，可以涵养你的心性，可以提高人的志气。

知识、智慧、才能、品格、心性、志气，不但是创造事业的要素，还是超凡入圣的基石。

1. 开卷有益，共学专学

世无长景，只争朝夕。以梦为马，不负韶华。

曾有个年轻读者给杨绛先生写信，除了表达对先生的仰慕之情以及自己的人生困惑，还抱怨这个社会太浮躁了。先生在回信中除了简单寒暄外，还写道：你的问题主要在于书读得不多而想得太多。

读书是认识世界、认识自我的重要途径。用富足的知识储备去追寻理想，胜过毫无作为的胡思乱想。

开卷有益，读书就是力量。贫者因书而富，富者因书而贵，愚者因书而智，黯者因书而明，贱者因书而尊，俗者因书而圣。

读书就是学习，学习之后得学问。学问以明理为根本，以行事为体用。不读书有如睁眼瞎子，没学问就是衣冠禽兽。不读书、没学问，别谈好的职业、别谈好的生活。

学问之道在共学、专学。如圣贤君子、英雄豪杰的学问，是做人的基本学问，是人人必学的，是所谓的“共学”。如各种知识的学问、专门技艺的学问、科学的学问，以及与做人没有关系的学问，不是人人必学的，是所谓的“专学”。所以“共学”是做人如何完成人生，如何高尚人生的学问。

孟子说：“大家都知道用食物填饱肚子，却不知道用学问医治愚蠢。”这句话可以扩充为：大家都知道用食物养生保健，却不知道用学问养生保健；大家都知道用食物延长寿命，却不知道用学问延长寿命。一个人能强壮生命的色彩，绽放生命的光辉，没有学问是不行的。

学问之道，全靠努力。《中庸》说的“人一己百，人十己千”，就是努力的功夫。

2. 为学之道

穷不读书，穷根难断。富不读书，富不长久。

读书是白手起家之本、忠孝传家之本、勤俭治家之本、和顺齐家之本、谨慎保家之本。

为学的要点，以学道为根本；学道的要点，以做人为根本。孔子说：“古代学者做学问在于提高自己，当今学者做学问是为了给别人看。”程颐解释说：“古代学者做学问提高自己成就事物，当今学者做学问为了给别人看丧失自我。”

张载说：“做学问，学习的是做人。”自身不能修炼，如何做人行事；别人不能度化，如何待人接物。立己就可以立人立业，成己就可以成人成物。

成就自我，功名富贵自在其中。不能成就自我，根本就无法确立，末端就无法高举。

圣贤豪杰事业，没有不是从学问中做出来的。有真学问，才有真圣人。有真学问，才有真豪杰！

为学是成己成人、开物成事的基本要点，所以儒家经典《论语》开篇就是“学而第一”。

我们要完成一个真正的人格世界与真正的心灵世界，就必须以力学为前提。成大事、创大业、立大德，更需要大学问。有了学问，就不必担心派不上用场。

孔子问子路说：“你听说过六种美德与六种弊病吗？”

子路回答说：“没有。”

孔子说：“你坐下，我告诉你。喜好仁德却不爱学问，它的弊端就是愚昧。喜好聪明却不爱学问，它的弊端是放荡。喜好诚信而不爱学问，它的弊端是被人利用而害了自己。喜好直率而不爱学问，它的弊端是说话尖刻。喜好勇敢而不爱学问，它的弊端是闯祸作乱。喜好刚强而不爱学问，它的弊端是狂妄自大。”

孔子的意思是说，一切道德文章事业，都要以学问做基础。所以孔子又说：“学习要有怕来不及的紧迫感，学到了的又总害怕再失去。”又说：“只读书而不思考，就会感到茫然；只空想而不读书，就会产生疑惑。”

学问之道，不但可以充实人的智慧，改变人的气质，还可以高尚人的品德，净化人的心灵，使人能从渺小走向伟大，从黑暗走向光明。无论智慧、愚蠢、贤良、不肖，一天都不能停止学习。

3. 不断学习，不断成长

要通古今事，须看五车书。

任正非说："华为没有永远的饭吃，只有不断地学习才能生存。"任总这句话强调了学习的重要性。他告诫员工，只有不断学习、不断成长，才能跟上时代的步伐，才能在激烈的市场竞争中立于不败之地。

如果甘于平凡、甘于平庸也就罢了，如果要超越自我、做了不起的自己，只有从学入手。为世所用或不为世所用，是次要的。为世所用，就可以成为一个事业家；不为世所用，就可以成为一个学问家、思想家。

平庸的人之所以平庸，在于他一离开学校也就离开了书本，不再追求学业的长进，不再追求知识的提高，任凭灵魂闹知识的饥荒而不管不顾，只一味追求庸俗的虚荣与享乐。

这一点，以那些善于钻营的人最突出。他们一接近或爬上职位的梯子，便志得意满，趾高气扬，不但错误地认为天下的事易如反掌，而且错误认为做事与读书是泾渭分明的两条道路。

这种认识的结果，不亚于挖空事业纪念碑的基础而使自己陷入万劫不复的深渊，即便想用魔术师的手腕与舞蹈家的脚法投机取巧于一时，最终难以获得长久的支持与恒远的成功。

尽管学问不全部是从书本上获得的，世界就是我们的大学，在社会现象里，在工作经验里，在日常生活里，都可以从细心体会中获得珍贵的宝藏。可是，书本到底还是万千血汗与万千智慧凝结而成，我们可用很小的付出得到巨大的收获。

那些精英人群，除了在生活中汲取智慧外，都大量阅读前人或当代书籍。孔子说："工欲善其事，必先利其器。"做事的工具，学问是首选。

《易经》中说，假如一个人身怀利器，却总是不得时机，那么就只能等待。唯有等到合适的时机，再毅然出手去成就一番事业。

那些读死书的人，一生辛苦的结果，最后只是成为一个书架、两个书橱，知识无法转化成智慧，无法为他产生价值。活用书本活用学问的奥妙，纯粹在内心能乘时、乘事、乘势、乘机、乘境，将书本与学问巧妙转化。

4. 学问来自多读书

竖起脊梁做事，放开眼光读书。

读书不应该受到环境的干扰，只要你用心阅读，坚持到底，总能有满意的收获。

古人挂角读书、囊萤读书、映雪读书、凿壁读书、悬梁读书、牧猪读书、负薪读书等，都是很好的事例。

孔门弟子颜回一个竹筐盛饭，一只瓜瓢喝水，住在小巷子里，并不妨碍他位列圣贤之林。

宁越为战国时中牟人。他家世代种田为生，但他感到种田太辛苦，便问朋友说：“怎样才能免除种田的辛苦？”

宁越的朋友说：“如果你能立志求学，苦读30年，就不用再种田了。”宁越说：“别人休息的时候，我不休息；别人睡觉的时候，我不睡觉。我苦读15年，应当有所成就。”

宁越刻苦读书15年，因为品学兼优，周威王聘他为师，终于实现了他的志愿。

汉初董仲舒年少时读书非常刻苦，经常是夜以继日地读书，他的书房紧挨姹紫嫣红的花园，但他三年没有进过一次花园，甚至连一眼都没有瞧过。后来他被征为博士，公开聚众讲学，弟子遍布四方。

后汉马略，闭户读书，十年不迈出家门一步，三天只吃一顿饭，乡里称他为“潜龙”。

北宋名臣吕蒙正小时候和母亲一起被父亲赶出家门，生活艰难，幸得龙门寺僧人帮助，有个容身之所。穷困潦倒的生活没有击倒吕蒙正，反而激发了他学习的热情与动力，他发奋读书，终于在三十三岁时高中状元。

范仲淹两岁的时候死了父亲。母亲很穷，没有依靠。就改嫁到了常山的朱家。范仲淹长大以后，知道了自己的身世，含着眼泪告别母亲，去应天府的南都学舍读书。他白天、深夜都认真攻读。五年中，竟然没有脱过外衣上床睡觉。范仲淹常常是白天苦读，什么也不吃，直到日头偏西才吃一点东西。就这样，他领悟了六经的主旨，后来又立下了造福天下的志向：“当先天下之忧而忧，后天下之乐而乐。”

顾炎武从小时开始热爱读书，出门就带一两匹瘦弱的马随身。有时候到了边塞亭障，就找老兵到路边的小酒店一起畅饮，询问当地的风土人情和地理。如果和自己知道的不同就写在纸上详细记录，一定到没有任何疑惑的程度为止。坐在马上空闲的时候，就跨着马鞍默默背诵四书五经，即使遇到亲朋好友也不分心，有的时候因此掉到山谷中，也不后悔。认真仔细到这个程度，他的学问博大精深，当时没有能与他相比的人。

美国18世纪政治家、科学家富兰克林，自幼酷爱读书。家贫无钱上学，从少年时代起，就独自谋生，常常饿肚子省钱买书读。经济拮据，购书能力有限时，他就借书来读。他常在夜间向朋友敲门借书，连夜点起一盏灯，专心读书，疲乏了就以冷水浇头提神，坐下继续阅读完，第二天一早，准时把书还给朋友，从不失信。

以上读书的故事，说明人才多从学问中来，学问多从读书中来。

5. 读书和实践结合

读书不与实践结合，知识不过是天空中的浮云。

在事业上有成就的人，都不是死盯着任何学派去研究，去做任何学派的人，他不相信书本是人生中绝对的确切的粮食，他认为经验比任何理论、任何哲学更有力量，差不多每一个成功的人，都是不愿意读死书的，他们只是抓住自己所需要的东西。

孟子说，尽信书，则不如无书。我对于《尚书·武成》这一篇书，就只相信其中的二三页罢了。仁人在天下没有敌手，以周武王这样极为仁道的人去讨伐商纣这样极不仁道的人，怎么会血流漂杵呢？

培根也有同样的经验，他说："为学之道，应该从真理中获得新知，而不是捡拾古人的唾液。""有的书只需选读，有的书只需浏览，有的书则需要完全精读。"

我们要以自己的脚站在著书者的肩上，不可让著书者的脚站在我们的肩上。会读书的人，作者是他的引导员，书本是他的注脚。

《中庸》上所谓"博学，学习要广泛涉猎；审问，有针对性地提问请教；慎思，学会周全地思考；明辨，形成清晰的判断力；笃行，用学习得来的知识和思想指导实践"，这是古今中外有效的读书方法。尤其要注重彻底领悟以求获得真知卓识，切不可只图获得一知半解便算完事。所以孔子接着说："不学则已，既然要学，不学到通达晓畅绝不能终止；不去求教则已，既然求教，不到彻底明白绝不能终止；不去思考则已，既然思考了，不想出一番道理绝不能终止；不去辨别则已，既然辨别了，不到分辨明白绝不能终止；

不去做则已，既然做了，不确实做到圆满绝不能终止。别人学一次就会，我要学一百次；别人学十次就会，我要学一千次。果真能够实行这种方法，即使是愚笨的人也一定会聪明起来，即使是脆弱的人也一定会坚强起来。”

孙中山说：“自从人类有史以来，中华民族能够翔实记载五千年的历史而没有间断的，完全是依赖中国独有的文字，学者们应当珍视它们，思考如何利用它们。如果做到使用古人而不被古人所迷惑，指挥古人而不被古人所指挥，那些看起来只是用来记载历史的文字，实际是我们的书记员，这种情形越多越好。”

一个会读书、会学习的人，从来都是从被动接受到主动学习，从快速理解到深刻记忆，从知识输入到思维输出。

6. 读书求知，做事力行

买卖里有学问，经营里有文章。

读书要注意的，就是同时在实践上下功夫。左宗棠曾经劝勉他的儿子霖儿说：“认识一个字，就力行一个字，这才是会学习。终日读书，却不去实践，那就只是村野农夫，与鹦鹉学舌没两样。”

拿破仑曾说：“读书就是力量。因为读书能增加人生的力量，充实人生的价值，提高人生的境界。”之所以这样，就在于可以即读即用，即学即行。读而不能用，与不读没区别；学而不能行，与不学没区别。

曾国藩说：“读书第一要有志，第二要有识，第三要有恒。”这是我们做学问的基本指导。

我们如果能养成一种读书的嗜好，让读书成为生命中的一部分，从立志这天起，到离开这个世界止，终身不间断、不懈怠，必有所成。曾有人要求自己：“不可有一日不读书，不可有一日不做事”：“一日不读，一日不睡；一日不做，一日不食”。读书就是求知，做事就是力行。这是一个领导者不可或缺的成功准则。

读书的要点在明理，明理的要点在做人。从修养上说，读书以体会圣人的言论、履行圣人的道德、存己心、养己性为主旨。从事业上说，读书以看透时势、精通世故、明大体、达权变为主旨。

清代理学家陆陇其说：“读书并非强求富贵，只是在明白圣贤道理，不做俗人而已。读书做人不是两件事，将读过的书句句体贴到自己身上来，就是做人的法则，这样才称得上读书人。如果不从自己身上领会，那么读书只是读书，做人只是做人，这样就不是读书的人呀。”

苏格拉底临死前说，未经审视的人生没有价值。而审视人生需要有闲暇。我们今天有很多获取知识和资讯的渠道，但是它们不能帮助我们审视人生，因为它们不是给我们带来闲暇，而是让我们更加没有闲暇来思考。读书则不同，尤其是在读纸质书时，必须有比较长的时间不做其他事情，这样才能入境。正因为不得不把手中的事情放在一旁，才能审视人生。因此可以说，阅读是当下可以让我们审视人生常用的方法之一。

一本好书，本身也可以帮我们重新认识自己、认清世界，弄清心头百思不得其解的疑惑，并最终成为一个更好的人。

培根名作《谈读书》说：“读书足以怡情，足以博彩，足以长才。其怡情也，最见于独处幽居之时；其博彩也，最见于高谈阔论之中；其长才也，最见于处世判事之际。”

于独处幽居之时耐得住寂寞，高谈阔论之中令听众心悦诚服，处世判事之时沉稳周密，往往不需要完全运用书本内容，重要的是心境、是情怀、是气质，更是完善的思维判断，这是读书给予的意义。

▶ 相信的力量

这个世界并不是处处公平。

不是每个人都能得到命运的眷顾，

绝大多数人都是普通人。

有句话说：

当才华还撑不起野心，

当能力还驾驭不了目标，

那就先静下心来去学习，

去沉淀去成长。

每个人都能通过自己的努力，

去决定生活的样子。

> 别把这个世界
> 让给你所鄙视的人。

十 智慧力：长得好看能当饭吃吗

马云说："改变世界的不是技术，而是技术背后的理想、梦想；引领未来的不是智能，而是智能背后人的智慧。"

人类之所以被称为社会化的动物，那是因为人类可以利用高度的智慧，去追求诗和远方。智慧是灵魂的太阳，智慧是命运的征服者，不肯运用智慧的人是一个顽夫，不能运用智慧的人是一个傻子，不会运用智慧的人是一个奴隶。

智慧人人都有，只是埋藏的深浅程度不同，埋得浅的人，他的智慧容易显示，容易流露；埋得深的人，就必须加以发掘，加以锻炼，才能显示出来。

智慧是多方面发展的，人们所说的天才，只不过是他的智慧在某一方面突出发展而已。

一个人的智慧是神奇的。智慧能改变自己，能改变他人，能变化万物，能变化大地，能使世界产生神妙的奇观。

智慧能使人类的文明、文化产生日新月异的进步。优秀的历史文化，雄伟的世界奇迹，无一不是智慧的产物，无一不是智慧的成果。

爱迪生说："天才是一分灵感加上九十九分的血汗。"又说："我不认为我是天才，只是发挥我的心力而已。"

皮契尔说："天才需要勤劳，正如勤劳需要天才一样。"

莫泊桑说："智慧与天才是一种恒久的运用的耐心。"

培根说："天才是生长在恶性土壤中最好的产物。"

爱默生说："普通的人是希望，天才就是自力创造。"

1. 智慧越用越多

人生要读两本书，一本是"有字的书"，一本是"无字的书"。有字的书是古今中外的故事、案例，可以借鉴，但千万不要照搬。无字的书就是阅历、能力和见识，我们要懂得从中汲取精华，将其中的学问和现实生活结合，这才叫智慧。

智慧出于勤奋，知识在于积累。智慧越用越多，这是千真万确的真理。智慧不但越用越多，而且越用越明，越用越高，越用越深。

智慧是每个人的本有财富，用之就多，不用就少；用之就有，不用就无；用之就巧，不用就拙。

天才与聪明的人，就是善于使用智慧，而不使它荒废；愚痴与笨拙的人，就是不好好利用智慧，而任它荒弃、埋没，与躯体同亡。

智慧是做事的资本，相信智慧，那么就永远立于不败之地。

用体力赚钱，就辛苦一点；用脑力赚钱，就机灵一点；用钱赚钱，就大方一点；用资源赚钱，就圆融一点。鲁斯金说："上帝给我们每个人以充分的力量、充分的智慧，只要你肯运用，它就能为我们做一切事情。"所以智力普通的人，千万不要自卑自贱，自叹自怨。

人的智慧都是用之不竭、取之不尽的。拿写作为例，越写就越会写，下笔万言，智慧与灵感，就会像长江大河滔滔滚滚不尽而来；越是不写，智慧与灵感，便像枯井死水，一点也不肯渗透出来。

莎士比亚说："愚笨的人以为自己是聪明智慧的人，然而真正聪明智慧的人懂得自己是愚笨的人。"愚笨的人，常常不肯学习而至于愚笨，所以他的愚笨越来越明显；聪明智慧的人，总是不断地学习而无终止，所以他的智慧越来越高。

智慧是多方面发展的，所谓天才，只不过是他的智慧在某一方面发展突出罢了。

萧伯纳说："常识是本能。有丰富的常识，便是天才。"也就是说，积累的常识越多，获得的智慧越深厚。

智慧在人们的心中，如同太阳照耀在天地间，永远光明，永远存在。生命有衰老死亡，智慧却永恒存在，并且随着年龄的增长而增长。智慧的积累，越积越多，越积越明。

学问增长智慧，经验增长智慧，常识增长智慧。所以一方面要事事用心，一方面要事事学习。

有人说："智者因为常常用心而智，愚者因为不肯用心而愚。所以人生而智时，不得矜于智而忽略了用心；生而愚时，不得拘于愚而怠慢了用心。"

向书本学习的人，因书而智慧；向实践学习的人，因实践而智慧；向别人学习的人，因他人的教导而智慧；向外物学习的人，因外物而智慧。

无所不学，则无所不智。

学与用是智慧的双面，学习不能拘泥一个人，每个人都有可学的一面。

2. 智比谋更重要

智慧越是遮掩，越是明亮，正像美貌因为蒙上黑纱而加倍动人。

想得好是聪明，计划得好是较聪明，做得好是最聪明。聪明，只是智慧的运用。

上天运用智慧的神力创造了人类，创造了万物，这是宇宙的奇观；人类运用智慧的神力，改造社会，改造自然，这也是宇宙的奇观，上天把智慧赋予人类，使人类充分运用智慧来完善人生，充实人生，这都是宇宙的奇观。

人类上下五千年的历史文化，是人类先祖运用自己的智慧创造的产物；未来若干年的人类历史文化，需要后代子孙运用他们的智慧去奋斗开拓。神奇的智慧，可以规划宇宙，规划天下，规划国家。

智者积极使用智慧，就能无所不成，他的人生将光芒万丈，与天地同在；愚者不能使用智慧，从而一事无成，他的人生将暗淡无光，与草木同朽。

费尔巴德说："没有智慧的人，就会受人欺骗，被人迷惑，让人剥削。只有具有思想的人，才是自由和独立的人。"

邓拓说："智是谋之本，有智才有谋，所以智比谋更重要。"

别林斯基说："才智是人的精神武器。"

爱默生说："智慧的可靠标志就是能够在平凡中发现奇迹。"

《兵经新论》中说："智者因为尊重道德，所以能辨是非，别善恶，知彼此，明顺逆；所以能取舍，定计谋，判胜负，决生死。"

一个人只要有了丰富的智慧，就会无事不可做，无事不可成，也就无所不可通，无所不可晓。

有智慧，就能悟解；有悟解，就能一悟百悟，一通百通，就不必每件事都去求个认识、求个明辨，就可以解开神奇巧妙的谜底。这也就是佛家所说的“圆融无碍”、大彻大悟。

3. 运用之妙，存乎一心

《宋史》里讲了一个故事：宗泽是英勇威武的战将。北宋末年，金兵大举入侵中原，宗泽率军奋起抵抗，屡挫金兵。宗泽手下有一员赫赫神威的将士，他就是岳飞。

宗泽很赏识岳飞，经常指导他、点拨他，希望有一天岳飞能够成就伟大的功业。有一天，宗泽忠告岳飞说：“岳飞，你有过人的勇气和出众的才华，这是许多人都望尘莫及的，这是你值得骄傲的地方。但是有一点我要特别提醒你，那就是你十分喜好野战。你不喜欢战前做好周密的战略部署，而只是凭直觉掌握战机，这不是万全之策呀！”宗泽说着，又拿出一些布阵图给岳飞看。

岳飞聪明颖悟，加上年轻气盛，并不理会该图的作用，而是说：“您的教诲很中肯，布完阵后再战是从军打仗的常用战术，不失为上等作战方法。但是，战略战术的运用，完全在于将领的一念之间。”

这个故事，衍化为一条成语：运用之妙，存乎一心。岳飞的意思很明确：战术有其固定的形式，但并不是说照搬照抄就能赢得战争，必须把它们用足、用活。如何用足、用活，这在于指挥官的智慧了。智慧，在于活学活用。

听了岳飞的话，宗泽深深地感到岳飞是位天才军事家，他不是纸上谈兵、机械教条的普通军官，因而对岳飞更加器重。

不久，宗泽在一次战争中牺牲了，同时，岳飞的指挥作战才能显山露水，终于成为可以取代宗泽的三军统帅。岳飞后来率领宋军浴血奋战，逐渐收回失地，金兵节节败退，闻风丧胆。

智慧以理论的形式出现时，似乎是死的东西，但是如果用它的人能够运用自如，灵活把握，那么人类的智慧就可以成为战胜敌人、克服困难的强力武器。

4. 智慧来源于学习

大脑是你的自留地，不是别人的跑马场。

如何得到智慧？智慧可以从学问中得到，可以从修养中得到。

爱因斯坦说："智慧并不产生于学历，而是来自对知识的终生不渝的追求。"

华兹华斯说："不耻下问求智易，趾高气扬得智难。"

任正非在一次高层会议上提问："我的水平为什么比你们高？"大家回答："不知道。"任正非说："因为我从每一件事情中，都能比你们多体悟一点点东西，事情做多了，水平自然就提高了。"

做人，万不可妄自菲薄，妄自暴弃，妄自拘限。天地不拘限人，人却常常受天地的拘泥。不被天地拘泥的人，就是英雄豪杰；受天地拘泥的人，就是凡夫俗子。

华盛顿说："我们最稳当的保证人，是我们心中的智慧。"这是说智慧是成功之母。

在你困顿不堪时，如果能吟诵李白的豪迈诗句"天生我才必有用"，就会心怀开朗，奋发向上。人有大智慧大谋略，就可以做领导，而不是被别人领导；人有大智慧大谋略，就可以教育别人，而不是被别人教育；人有大智慧大谋略，就可以接纳别人，而不是被别人接纳；人有大智慧大谋略，就可以改变事情，而不是被事情改变。

智、仁、勇是儒家主张的三个道德准则。

《礼记 · 中庸》说："智、仁、勇，三者是天下通行不变的道德。"孔子认为智慧的人能够洞察人情物理，掌握了正确的思想方法，所以不会被迷惑。仁德的人克己爱人，谨言慎行，心平气和，与世无争，事事顾全大局，所以没有个人之忧。勇敢的人天地无私，一身正气，见义勇为，大义凛然，无所畏惧。

所以，孔子希望自己的学生能具备这三种通行不变的道德，成为真正的君子。

智慧源于学习。孔子说："爱好学习就接近于智了，努力实践就接近于仁了，知道羞耻就接近于勇了。"又说："君子遵行的道有三点，我没有做到：智慧的人没有迷惑，仁德的人没有忧虑，勇敢的人没有畏惧。"子贡说："这正是他老人家自己所遵循的道。"

仁者，有正确的世界观，谦虚谨慎，对待任何事情都会有积极乐观的心态；而且力争做到凡事为他人考虑，以仁义之道面对他人，济世利人，上不怨天，下不怨地。这对人的心理起着良好的调节作用，这样做的结果就是内省不疚，所以不忧。

智者，学识渊博，视野开阔，明辨事理，做事情有决断力，所以能够做到不迷惑。勇者，依于仁智，凡是应该做的事情，都不计较艰难险阻而勇往直前，努力达到。所以勇者不惧。"智""仁""勇"是孔子所推崇的道德品质，这些都不是轻易能做到的。

兵家之祖孙子评论将帅时说："所谓将，就是指将帅的智慧、威信、仁慈、勇敢、严明。"这句话也是以智慧为第一。宋代抗金名将岳飞认为这是军人不可或缺的武德。

人人都具有智慧，因各人发掘的深浅而获得的收益也有所不同。孔子说："有的人资质好，生下来便知晓大道；有的人资质差一些，但可以通过学习来知晓大道；有的人资质很差，学了还不知晓，就需要下苦功去钻研才会有所知晓。但等到他明白了，那他与别人的收获就是一样的。”

有人用嘴讲话，有人用脑说话，有人用心说话，有人用智慧说话。有智慧的人，能尊德性、致广大、尽精微、极高明，能辨是非、别善恶、识人我、明顺逆，能知取舍、定计谋、判输赢、决生死。

罗素说：“从伟大的认知能力和已知的心情结合之中最易于产生出智慧来，由学问增益的智慧恢宏博大。”

佛家修行的信条是：“戒定慧。”他们认为定从戒中产生，慧从定中产生。同时，禅宗认为智慧能从悟中得到，这是佛家谈智慧的金句。

▶ 相信的力量

人生难就难在，
智慧与问题处在同一高度，
既看不全面，又看不透彻，
更别提解决。
只有打破僵局，另辟蹊径，
才能在绝壁上看到希望，
在困境中看到出路。

“输不丢人，怕才丢人。

十一 勇敢力：不慌不忙，无所畏惧

风浪越大鱼越贵，困难越多成就越高。

一个人的勇气不是手脚并用的体力鲁莽，而是勇力和智慧的完美结合。

历史上有许多伟大人物之所以成为伟大人物，就在于他们是困难的克服者、危险的超越者，他们用大无畏的勇气战胜了前进道路上的种种障碍。

成吉思汗说：“有包天勇气者，必有包天的胆识。他们敢作敢为，敢于担当重任，敢于攻击强敌，敢于奔赴危险。”

在人类的刚健积极精神里，敢于克服困难，敢于向危险挑战，需要大的胆识和大的勇气。历代的英雄豪杰，都是在艰难困苦、九死一生的危难中磨炼出来的。

悲观、恐惧、消极与畏难心理，是人类最大的敌人，它不但腐蚀前途，而且腐蚀生命。我们必须用大智大勇的大无畏精神来战胜它们，让生命内在的神奇力量发挥出来。

1. 勇气是万事成功之母

有本事能玩狮子脑袋，有胆量能摸老虎屁股。

勇气是万事成功之母！我们从勇气里能看到生命力的雄浑，看到生命力的气势。只有具备了勇气，才有了克服困难的精神，才有了战胜贪欲的精神，才有了敢于冒险的精神，才有了赴汤蹈火的精神，才有了视死如归的精神，才有了以天下为己任的精神。

只有具备了勇气，才能看到生命的真实，才能看到生命的美丽，才能看到生命的善良，才能看到生命的灿烂光辉。

只有盖世的勇敢、盖世的气魄，才能创造盖世的伟业，才能创造盖世的英名。

自古以来，伟大人物和英雄豪杰们之所以能立大功创大业，他们之所以能名垂千古，流芳百世，无处不是依赖着他们的盖世勇气，无处不是依赖着他们的大无畏精神。培养勇气，是伟大人物和英雄豪杰的人生修养的第一件事。

有勇气，就有敢于担当一切的胆量；有大无畏精神，就能完成一切任务。所以孔子说："智慧、仁德、勇敢三者是天下伟大的德行。"

孔子又说："聪明的人不会迷惑，有仁德的人不会忧愁，勇敢的人不会畏惧。"

孙子也以"智慧、信义、仁德、勇敢、威严"作为将领必备的五要素。只有具备了这些要素，才能完成事业，才能完成功绩，才能完成道德，才能完成人生。

十八世纪普鲁士国王腓特烈大帝说："勇是万事成功之母。"有盖世之勇，有盖世之气，就能创造盖世之业，成盖世之名。

2. 孟子论“勇”

蹚水不要怕漩涡，过江不要怕巨浪。

见义不为，不是勇；恃强凌弱，不是勇；临困难而不立节，不是勇；见危险而不前进，不是勇。英勇恰好位于鲁莽和懦弱之间。

孔子评论“勇”时说：“反省自己不退缩，如果是我理亏了，即使对方是普通的人，我也敬畏他；如果我是正确的，即使对方是千军万马，我也敢勇往直前。”

庄子也说：“面临大困难而不恐惧的，是圣人的勇气。”

以道义为规则，才能勇于赴汤蹈火，不怕困难，不谋私利，不贪生，不怕死，履危如安，甘险如饴，视生存如草芥，视死亡如归途。

孟子评论北宫黝培养勇气的诀窍时说：“肌肤受到针刺时身体也不屈不挠，眼睛受到针刺时睫毛也一动不动，可是只要精神上受到一点点的侮辱，就好像在大庭广众之下被人鞭打似的。他既不能忍受普通人的侮辱，也不能忍受万乘君主的侮辱，在他眼里，谋杀君主的刺客和伤害百姓的罪犯没有两样。”

孟子评论孟施舍培养勇气时，借用孟施舍自己的话说：“我把不可战胜的人看成是可以战胜的人。如果先估量对方的力量才动手，如果先考虑要有必胜的把握才与人交锋，这样的人，就是畏惧战争的人，不是勇士。我孟施舍为什么能取得胜利？就是做到了无所畏惧罢了。”

孟子评论周文王的勇气时说：“《诗经》中记载：‘周文王勃然大怒，整顿军队，阻止侵略莒国的行为，增加了周朝的福威，回报了天下的厚望。’这就是周文王的勇气。文王一发怒，天下百姓就得到安定的生活。”

孟子评论周武王的勇气时说："《尚书》中记载：'上天抚育了人民，也造就了他们的君王，同时也造就了他的先生。君王与先生的责任就是辅佐上天爱护人民。天下人不论有无罪过，都由我来处理，谁还会违抗上天的旨意？'只有商纣王违背了天意而横行天下，周武王认为这是最大的耻辱，率兵打败了纣王。这就是周武王的勇气。武王一发怒，天下百姓也得到了安定的生活。"

3. 培养勇气

扶犁的不怕牛叫，打猎的不怕枪响。

勇气是生命最大的源泉。没有勇气，生命就没有动力，没有价值，没有意义。

用大无畏的精神去冒险，去克服困难，是伟大人物的天性。奥斯特洛夫斯基说："勇敢产生在斗争中，勇气是在每天对困难的顽强抵抗中养成的。"一颗无畏的心往往能帮助一个人避免灾难。

勇气，需要用羞耻心来培养。《中庸》里说："知道羞耻就接近勇敢了。"

孔子论什么是士时说："一个人行事，凡自己认为可耻的就不去做。"孟子说："人不可以不知羞耻。从不知羞耻到知道羞耻，就可以免于羞耻了。"

所以管子说："礼、义、廉、耻是维系国家的四项道德准则，如果它们不能被推行，国家极易灭亡。"

孟子又说："一个人若没有了羞耻心和憎恶感，则他是不人道的。"又说："羞耻心就是施行义的开始。"羞恶之心，就是知耻之心；培养羞恶之心，就是培养知耻之心。知耻之心，是施行义的开始。

孟子认为大勇是"结合义发自内心而形成的"，加以培养而不对其进行损害，就是培养羞耻心，就是培养勇气。

勇气，需要用智慧心来培养。智慧就聪明，聪明就不迷惑，不迷惑就不动心，不动心就产生大勇气。聪明，在于明白道理，明白道义，就像俗话说的“正其谊（义）不谋其利，明其道不计其功”。

孟子在谈到“不动心”时说：“我懂得言语的诀窍，我善于培养自己的浩然之气。”他在回答什么是“言辞的诀窍”时说：“言辞偏颇的人，我知道他受什么样的蒙蔽；言辞虚华的人，我知道他受什么样的沉迷；言辞怪僻的人，我知道他什么地方偏离了真理；言辞支吾不清的人，我知道他在哪方面理屈词穷。这几种言辞，若是形成在心中，在政治中就会产生危害；在政治中出现了，对国家就会有危害。如果有圣人出现了，他必然会赞同我的这些话。”一个人聪明就有智慧，智慧就能明白是非利害、得失取舍。

拿破仑说：“勇气是从胆识里来的。没有胆识，即使有战胜敌人的一万个计划，也等于零。”

纳尔逊说：“有非常的胆识，就能成非常的事业。”

朱自清说：“气是敢作敢为，节是有所不为。”

人类精神里，克服困难危险，常常需要大胆识和大勇气。那些在历史上有所成就的人，他们大都是从艰难困苦、九死一生中磨炼出来的，而这些，都离不开勇气。

只要我们有勇气，就不怕危险，就能克服危险，就会没有危险。有危险就有荣誉。所冒的危险越大，荣誉就越大；所冒的危险越多，荣誉就越丰盛。勇气是生命的动力，没有它，生命就没有动力，没有价值。

4. 怕，就会输

如果长着一颗老鼠胆，那就只能做老鼠。

奥里森·马登说："大胆、无畏，永远是成大事的人的特征。生性胆小，不敢冒险，畏惧困难的人，一生只能做些小事。"有大无畏的精神去冒险，去克服困难，是成大事的第一要素。

所以马登又说："历史上有许多伟大人物之所以成为伟人，就是因为他们是大量困难的克服者、大量危险的超越者，他们在用大无畏精神，从克服种种的阻碍中得到了力量。"

恐惧、悲观、消极和苟安的心理，是人类的敌人，不但会腐蚀一个人的前途，还会腐蚀一个人的生命，我们必须用大勇者的大无畏的精神，去克服这种心理，才能使生命内部潜藏的"狮子性"能量很好地发挥出来。斩断恐惧，你便能让你的心灵更新，让你的勇气倍增。

无论遇到什么困难、什么危险，只要用大无畏的精神勇往直前，义无反顾，死而后已，那么崇高伟大的成功与荣誉，便永远属于你了。

勇气，需要用坚忍心来培养，需要用智慧心来培养。

越王勾践能忍受夫差的欺侮，韩信能忍受钻胯的羞辱，张良能忍受匍匐纳履的窘迫，刘邦能忍受百战百败的打击，这些都是能忍的事例。

大勇的人能"对突然的变故不惊慌，对无故的诬陷不发怒，泰山在眼前坍塌而面不改色，麋鹿在身边出现而不看一眼"。至于"拔剑而起，挺身而斗，暴虎冯河，死而无憾"，则是匹夫之勇，不值得称道。

《尚书》中说："必有忍，其乃有济。"

《论语》中说："小不忍则乱大谋。"

百丈禅师说："烦恼以忍辱为菩提。"

忍人所不能忍，才能勇人所不能勇，能小忍就有小勇，能大忍就有大勇。

百战百胜，不如一忍；万言万当，不如一默。浩气以越忍越见刚劲，勇气以越养越见强大。

忍有积蓄的意思，勇有孕育的意思。一个人能心存道义，秉公办事，一生光明磊落，抬头不愧于天，俯首不怍于地，又有什么好恐惧的？既无恐惧，“生死不变于己”，何愁大勇不生，名节不立？

▶ 相信的力量

很多时候，
信心比黄金更重要，
只要梦还在，初心不改，
只管大胆地往前走，
跌倒了，就爬起来，
拍干净灰尘，
整理好心情再上路。

三分天注定，
七分靠打拼。

十二　命运力：要么出众，要么出局

人有旦夕祸福，月有阴晴圆缺。

佛说：万物有因，一切皆因果轮回。福也好，祸也好，时间都不会因为任何事而停下，该来的总会来，该走的总会走。做好自己，才能遇见更好的未来。

昨日已成为过去，过去的事情终会成为历史，今天又是新的开始！

所谓：春有百花秋有月，夏有凉风冬有雪。世间万物皆有轮回，不过是期限的长短而已。

俗话说：三分天注定，七分靠打拼。命运由命和运两部分组成：命是注定的，运要靠自己去争取。

有些人注定要负重前行，就像乌龟不能没有壳，就像蜗牛不能没有壳，它们动作很慢，压力让它们痛苦，但压力也让它们坚定。痛苦的人才深刻，深刻的人才坚定。

有时候，一个人的强大就在于他能够长期负重前行，时间久了他因此变得深刻，因此变得敏锐，因此变得沉稳。

泰戈尔曾经说：你今天受过的苦，吃过的亏，担过的责，扛过的罪和忍受的痛，都会成为照亮你人生之路的光。

1. 命运由自己来掌握

在温室里成长的花朵，一旦将它放到屋外，受点风吹雨打，它就会丧失生命力。而长期生存在野外的花儿，则经得起风霜，耐得住严寒。

一个人出身豪门，自小到大的生活太过优裕，道路太过顺畅，未经磨难，如果突然遭遇挫折和坎坷，常常会一筹莫展，两眼一抹黑，对自己的前途、从事的事业、拥有的一切，产生怀疑和动摇，因而彷徨犹豫，怨天尤人，停步不前。这和温室的花朵遭逢风雨而凋谢一般，悲剧从此产生。

常言道："英雄创造机会，庸人等待机会。"英雄在逆境中成长，庸人在顺境中堕落。英雄在逆境中寻求突破，庸人在逆境中怨天尤人。

命运、气数，是无能的人放弃希望、不求进取的借口。

天地没有私应，日月没有私爱，只要是他人有的你也有，只要是他人能得到的你也能得到。他人的月亮绝不会比你的圆。人不安于现状，不满于现状，不等待，而是不断地奋斗、进取，则必然有所成就。

一件事失败了，有人会将它归咎于运气、命运；在圣贤豪杰的心目中，事情成功与否决不是运气、命运所能左右的。圣贤豪杰之所以能成功，并不是他们运气好，只是他们不浪费自己的生命，不浪费自己的时间，埋头苦干罢了。

富兰克林说："世界上好的东西都是争取来的，只有弱者才等待分配。任凭环境的控制，听从命运的支配，只是禽兽草木而已。”

王尔德说：“我们不可受环境的支配，应该去支配环境；不可受时运的拘束，应该去创造时运。”

时运和命运只能约束凡夫俗子，困不住英雄豪杰。

命运由自己来掌握，幸福靠自己去寻求。种瓜得瓜，种豆得豆。一个人只要求仁就能得到仁，只要求道就能得到道，只要求富就能得到富，只要求贵就能得到贵。这里的仁、道、富、贵依靠自己去求取，不能依靠他人。冥冥之中，怎么能另有主宰？主宰就是我的内心。

三毛说：“我始终相信，人间聚散无常，而我唯一能做到的，只有服从命运的安排。倘若有一日，我们必须不辞而别，那么，请你务必相信，那些一起走过的时光，没有欺骗，没有杂念，只有最初的向往。”

郭尔卫说：“命运不是统治者，而是造化者的奴隶。”

你种下什么，收获的就是什么。时运、气数、命运，全是自己播种而造成的。

阿德勒说：“播种一个行动，你会收到一个习惯；播种一个习惯，你会收到一个个性；播种一个个性，你会收到一个命运。”播种一个善行，你会收到一个善果；播种一个恶行，你会收到一个恶果。这是天经地义不可改变的规律。

2. 不自限，不自弃

稻盛和夫问：“凭什么认为你十年寒窗，能抵得过我三代从商。”年轻人答：“凭时运和努力。”

一个人能做到很伟大，可是终究不能伟大，甚至流入渺小平凡，在于他是自限还是自弃。

命运不会抛弃任何人，而是人们在抛弃命运；气数不会限制人，而是人们自限于气数；时运不会拘束人，而是人们自拘于时运。

有的人一事无成时，不但不反省自己，反而说是自己的命不好、没有机会，这不是太悲哀了？

莎士比亚说："人们有时可以支配自己的命运，若我们受制于人，那错处不在我们的命运，而在我们自己。"命运压不垮一个人，只会使人坚强起来。命运给予我们的不是失败之酒，而是机会之杯，人的命运操纵在人的手里。

从前佛祖释迦牟尼在世的时候，曾经问随行的弟子们："人生究竟有多长？"有个弟子回答说："五千年。"佛祖说："不对。"其他的弟子则陆续说出"四十年""三十年""二十年"等答案，但佛祖总是笑着摇摇头。最后有一位弟子请示佛祖说："人生难道是在呼吸之间？"这时候的佛祖才满意地点了点头。

生命只在瞬息呼吸之间，时光如同闪电，流年如同穿梭。如果不奋发努力，而是徒以穷奢极欲，纸醉金迷，怎能不被时光吞噬？所以岳飞发出了"莫等闲白了少年头，空悲切"的感叹。

朱自清先生在《匆匆》一文中这样描写时光的易逝："洗手的时候，日子从水盆里过去；吃饭的时候，日子从饭碗里过去；默默时，便从凝然的双眼前过去。我觉察它去的匆匆了，伸出手遮挽时，它又从遮挽着的手边过去。天黑时，我躺在床上，它便伶伶俐俐地从我身上跨过，从我脚边飞去了。等我睁开眼和太阳再见，这算又溜走了一日。"

假如人生仅是匆匆过客，在世界上彷徨一些时日，到离开人间的时候没留下什么奋斗的足迹，能不感到遗憾吗？

3. 好运气的心理暗示

不要开口就说“烦死了”“累死了”“气死了”“完了”这些哭穷卖惨的话；要多说“没事，问题不大”“可以搞定”“一切都会好起来的”这些正能量的话。正向的表达也是一种心理暗示，养成说好话的习惯，好运气许多时候是说出来的。

经常看到这样的人，成功了觉得是自己努力的结果，失败了是运气不好，他们经常抱怨命运的不公平。

那些工作上失意、投资上失败、经营上失信的人都抱着这样的想法：自己不过是运气不好而已。

但是，如果反过来想：在成功时感谢帮助过自己的人，感谢上天安排的命运，在厄运中泰然自若、安然自持，或许更容易等到时来运转的时候。

在一些成功者的自传中，他们对事情的看法完全不同，他们很多人都认为，自己不过是交了好运而已，不炫耀自己的能力，也不过分强调自己的努力。有了好运气的加持，人就会少一些怨气，就能更平和地做事，也就更接近成功。

认同运气的重要性，就不会对自己太苛求。有足够的耐心、好的方法、持之以恒的努力，或许好运气会降临到自己头上。

4. 和时间交朋友

马跑了，尾巴抓不住。要和时间交朋友。

莎士比亚说：“我们如果早年抛弃了时光，到老年便会由时光来抛弃我们。”如果想不被时间抛弃，就只有及时善尽而善得，使生命的光辉永照无穷！

做人要创造时运而不要等待时运。陶渊明有诗说：“盛年不重来，一日难再晨。及时宜自勉，岁月不待人。”拜伦在诗中曾写道：“白日莫空过，青春不再来。”这句诗和陶渊明的诗相互辉映，相得益彰！两句诗都是说，时间创造命运。

林肯说：“我们的生命，是时间造就的。我们浪费了片刻时间，就是浪掷了一部分生命。”富兰克林说：“忽视当前一瞬间的人，不啻于虚掷了自己的一切。”富兰克林又说：“如果你爱惜生命，那么请不要浪费点滴时间，因为那是生命的原料。”拿破仑说：“我如果无所事事地白过了一天，就会觉得自己是犯了盗窃罪！”爱因斯坦说：“片刻的时间价值与黄金无异。”这与我国的谚语“一寸光阴一寸金”意思差不多。

由这些名言就可以知道，伟人之所以伟大，因为他有非凡的成功，但这不是坐在家里等来的，而是爱惜自己的生命与时间，使之一分一秒有益地度过获得的。

莫泊桑说：“世界上真不知有多少原本能成就功业的人因为把难得的时间白白放过了，以至于默默无闻。”苏格拉底说：“当许多人在路上徘徊不前时，他们不得不让开一条大道，给那些珍惜时间的人赶到他们的前面去。”所以大禹惜寸阴，陶侃惜分阴。

《淮南子》中说：“圣人不看重一尺长的璧玉，而看重一寸长的光阴。”人们因此发出了“岁月是把杀猪刀”“年龄不饶人”“青春不再来”的感叹。时间带走一切，长年累月会把你的名字、外貌、性格、命运都改变。

有位大学教授说：“珍惜你的低谷，你会看到很多真相，世间能度的都是愿意自度的人，没有谁的人生一帆风顺，低谷期的苦难，就是为了积攒力量，哪怕是裂缝里透出的光，也要牢牢抓住，然后生出向死而生的勇气。”

一个人，身处顺境的时候，潜能容易被掩盖不被发掘。反而低谷期才是对一个人的真正考验。只有经历过低谷期，扛过去了，生命仿佛又一次重生。

低谷期的时候，你才更了解身边的人，哪些是值得深交的朋友，哪些是酒肉朋友。

低谷期的时候，你才更加清醒，明白世态炎凉，人情冷暖。唯有自己强大起来，才能融入这个复杂的社会。

低谷期会磨炼自己的心智，让人变得更加成熟而强大。

扛过了暴风骤雨，你早已不是原来的自己。回头看看经历的这段路，你会感谢自己。

莎士比亚说："时间的无声的脚步，往往不等我完成最紧急的事务就溜过去了。"做人做事，不能让命运在身边白白溜走，不能让时间在手上白白失去。要明白时间的真正价值。要获取抓住并享受它的每一刻。一万年太久，只争朝夕。赢得了时间，就是赢得了一切。

▶ 相信的力量

没有行与不行，只有做与不做。

相信这四点：

想干总有办法，不想干总有理由；

没有办不成的事，只有办不成事的人；

不是井里没有水，而是挖得不够深；

不是成功来得慢，而是放弃得太快。

“ 厉害的人，
都把人生调成了静音模式。

十三 安静力：不乱于心，不困于情

静下来，一切都会好。

人生的志向有远有近，人生的境界有高有低。做人最大的毛病就是目光短浅，胸无大志，终日在尺寸天地里翻筋斗，难以有大的作为。

人之所以会目光短浅，最大的原因就是心浮气躁，急功近利，不能够安于宁静，忍受寂寞，自然就成不了什么大事。

安静、宁静、平静、寂静、沉静，都是静。

你有多久没有看过星星了？杜甫说：“露从今夜白，月是故乡明。”家乡的星星和月亮之所以会如此明亮，不过是因为我们在抬头仰望它们的时候，心里格外宁静罢了。

星星还是那个星星，不同的是看星星的心情。在生活节奏如此之快的今天，我们很难有机会真正停下来，等一等灵魂。很难在一个晴朗的夜空，抬头看着星星，思考自己的生命。

人生如茶要慢品，岁月如歌要静听。

静心，是一种追求和愿望，也是一种理想化的人生态度。

1. 心静了，世界就静了

人静则安，事静则顺，心静则胜。

佛堂上悬挂的幡被风吹得漫天飞舞，两位念经的小和尚为此争执起来，一个说是风动，一个说是幡动。

究竟是风动，还是幡动，六祖慧能大师在一旁指点迷津，说：“不是风动，不是幡动，是你们的心在动。”

这个故事说的是：心要静。心静了，世界就静了。

人心在不被外界事物干扰的情况下，会进入沉静的氛围。人心如果沉静就能虚受，如果虚受就能明白，如果明白就能聪灵，如果聪灵就不糊涂。人不糊涂，就是一副湛然神圣圆通的样子。

人心如果沉静就没有欲望，如果没有欲望就能刚强，如果刚强就能正直，如果正直就能勇敢。刚强、正直、勇敢的人，气势盛大，困难无法抵挡。

所以希望得到大智大慧，获得大彻大悟，可以从沉静做起。希望一身正气，也可以从沉静入手。

推崇沉静，是圣贤君子超凡入圣的入门要诀，是人生的修养艺术。

静能养生，静能生慧，静能开悟，静能明道，静能通神。

庄子说：“圣人说‘静’，就是说他善于培养沉静，万物不能扰乱他的心志。”广成子也说：“抱守神志以养静，形体自然端正。”

《大学》里说：“不动心是最高的善。”又说：“知道所应达到的理想境界（止）是‘至善’，而后才能有确定的志向，有了确定的志向，而后才能内心宁静，内心宁静而后才能泰然安稳，泰然安稳而后才能行事思虑周详，行事思虑周详而后才能达到最好的理想境界。”止可以生定，定可以生静，静又能生定，而定又能生止。如此循环往复，生生不息。

静、止两门功夫，正反贯通。修心养性由静进入比由止进入容易些。所以历代贤人哲士多数致力于主静之功。

周敦颐说：“圣人制定的以仁义中正来主静，是做人的至高点。所以圣人与天地合一同德，与日月合一同明，与四季合一同行。君子修德则吉，小人悖逆则凶。”又说：“无欲望则静止，静止则明朗。”了元子说：“无念则静，静则通神。”所以说：“心静乾坤大，心安理数明。”

《易经》中说：“没有思考，没有作为，寂静没有行动；但只要能够感应，就能贯通天下。”

寂静没有行动，就是静。感应而贯通天下的，是心灵的作用。一静就心无所扰，无扰心就静。静就虚，虚就明，明就灵，虚灵不昧，清澈神圣。静无欲，无欲则刚。刚就强，强就直，直就勇，刚强直勇，无人能掌控。所以想得到大智大慧、大彻大悟，就应从心静入手。

2.“静”的神妙之处

丰子恺说：“不乱于心，不困于情。不畏将来，不念过往。如此，安好。”

人生的真滋味，沉静的人品尝得到；世间的计谋和心思，沉静的人看得透彻明了；天下的真情实景，沉静的人说得真切。

世俗间有不少的人，做事毛毛躁躁，风风火火，他们只求热闹，说起话来，轻率鲁莽，不着边际。

这种人也许机缘凑巧，能办成一件事，说准一句话，但都没有领略到其中的真情趣，看不透事物的本质，把握不了事物发展的规律，所以有的人办不了大事，生活得很辛苦。

静中能尝到真味，静中能认识真寂，静中能感悟真情。

静是对世俗的超脱，是对名利的摒弃。只有做到静，才能虚静安闲，冷眼看透世界。

佛家说，静能养心，静能养神，静能养气，静能养精，静能养戒，静能养定，静能养慧，静能开悟。

这些都是“静”的神妙之处，不只是胡林翼说的“智虑生于精神，精神生于安静”的境界。陈白沙说：“人心只要努力培养它的沉静之功，就会大彻大悟。”

“人闲桂花落，夜静春山空。月出惊山鸟，时鸣春涧中。”在王维《鸟鸣涧》这首诗里，有一种清静境界，从句子里可以读出高雅、幽静、虚灵，也可以读出“我同万物无不和谐，我同天地合一”的超凡境界。

3. 修炼一颗清静心

心平可愈三千疾，心静可通万事理。环境杂乱的时候，先梳理自己。事缓则圆，事急则乱。

精进向上的人，万病之本是心浮气躁。明代吕坤说：“为学第一功夫，要降得浮躁之气定。”又说：“学者万病，只一个静字治得。”

所谓消除浮躁，心平气定，就是要“静”。现代许多著名学者，大力提倡读书做学问要坐得住冷板凳，因为只有心静气沉才能潜心于学问之中。同时，更因为做学问不仅是苦差事，更要戒除功名利禄之心。

放平心态，慢慢厉害。不动声色，慢慢发光。急功近利，好高骛远，心浮气躁，不仅求学进德不成，做任何事情都一事无成。因此，不论是古代学者，还是今天的学者，都提倡做学问，修养德性要“静”，即要虚静定心。宁静以致远，心静下来才能看得深远。

高忠宪说：“静如是，动不如是，这是气静。静如是，动也如是，这是理静。理静，理明想静，胸中畅然无事而静。气静就是定久气澄，心气交合清静。理明则气自静，气静理也就明了。两者交相辉映。静坐澄心，体验天理，为延平门下最高的教诲。如果是虚假地用气静，动就会失去，有什么益处呢？静坐澄心，体验天下，说的是在静坐之时，这个心澄然无事。”

高忠宪进而揭示出静坐澄心，要以体验天理为入圣的直截功夫。所以龟山门下，教人在静坐中观察喜怒哀乐未发之前是什么样的气象。这是明心见性和融彻天地的不二法门。

主静，实际要达到孟子所说的“养浩然之气”与“不动心”的境界。孟子说的“富贵不能淫，贫贱不能移，威武不能屈”的境界，不是心中别有天地、别有世界、别有人生，又怎么可能达到呢！

朱熹教导子弟说：“学者半天静坐，半天读书，如此三年，没有不长进的。学者不肯修行静坐的功夫，就是虚度人生。这太令人可惜了！”

心中一静，就不会发生一点事情。没有尘沙之念，跳出功名利禄的圈子，跳出现实尘世的圈子，又怎么不会超凡脱俗，怎么不会神清智明呢？

静就能使心明神清，慧增开悟，神采万千，适应方圆。以它来临大事，处大难，解大疑，定大计，自然毫无阻碍。道家修身的宗旨是：炼心法，炼气法，炼精法，炼神法。全部都是以练静为入门宗旨，也就是收放心的方法。

4. 内心安静便无忧虑

不是世界喧闹，是你内心太吵。心有山海，静而无边。

一个人只有在心地沉静、情绪安宁之后，才能清清楚楚地看清自己是一个什么样的人。因为心地沉静、情绪安定后，内心才能不被物欲所蒙蔽，才能没有声色名利的邪念。心静如止水，心净如一潭清泉，明白如镜，人的本性真相就能显现出来，也就是返璞归真，纯洁无瑕。这样，心中的杂念，自己以前行为的过失，当然也就会毫无遮掩了。

梁启超这样讲述治心的方法："治心的功夫，必须心地洁净，不追逐于外缘，没有纷乱于内心，超脱于尘网之外。心中没有一点杂念，没有渣滓在里面，就有鸢飞鱼跃自呈活泼的气象。然而我辈并非厌世脱尘之流，不得不接触万事万物，志愿越多，所接触的事物越多，不像有道的人有自然之心，即使有秩序，就像百万之师，而没有主帅，号令纷乱，怎么会不崩溃呢！所以，凡是遇事惶恐，丧失自己的操守，都是乱为之害，有损存养的功夫，所以古今中外的哲人，没有不是以恳切之心作为第一大事。存养用功之法，大都以主敬主静两条为宗旨。敬的妙用，大都以制外为养中之助，因为我辈的德业之所以不长进，其原因虽很多，仍然不外乎是受外面环境所牵累。受外面环境牵累，就是眼耳鼻舌身五官，也就是孟子所说的物交换于物吧。眼耳鼻舌身既受牵累，人的本意就会随之动摇，也就是孟子所说的引神罢了。

"志一就会动气，气一就会动志，辗转缠缚，主客易位，势就不足以相敌。静的妙用，全在于存中作为外应的根本。我辈被缠缚于这个境界，这个心受惊扰，没有一刻来顾及。如果没有静坐来制约它，就会成为躯壳。心有存养功夫，自然就会坚实，没有它就会动摇。孟子的得力，在于不动心。而他的功夫，在于善养浩然之气。静坐不足，尽主静之功，而主静之功，必然从静坐入门，所以前代儒人都以此作为方便的法门。”

有才而性缓，定属大才；有智而气和，斯为大智。梁启超这番话说明，沉静不但可以作为入圣入哲的门槛，而且可以作为英雄豪杰成就大理、立大业的基本要素。

5. 静心的智慧

世界从来不会对一个心静的人叫嚣，生活从来不会让一个心静的人彷徨。且听风吟，静待花开。

如果眼中生了障蔽视线的白斑，那么看到的一切都是模糊不清；耳朵要是有耳鸣的毛病，那么听到的一切都是不真实的；同样地，心中有物欲，那么对待任何事物会产生非分的妄想，终日心理上不得安宁，会觉得活得很累。因而，要想活得洒脱自如，只有保持心灵上的虚静。

大凡立德立功立言，总是要自心做主。心牵挂物便会被物役使，心牵挂名便会被名役使，心牵挂利便会被利役使，心牵挂欲便会被欲役使。

心无所不牵挂，就会无所不役，无所不役，就会无所不病。人心受外物役使，内心方寸已乱，哪里能做半分主宰。

每个人的缺点，都在心态上有毛病。心不能静，便无所安；心不能定，便无所守。内心对事物不能泰然处之，就会失去存养，就会生病。

养生学者贾文宿认为养生首在治心。他说：“人心本自安静，本自泰然，怎么会生病呢？遇货财就想争夺，遇功名就想拥有，遇权势就想攀附，遇小仇就想报复，遇患难就想躲避。不能达到目的心中想着得到，达到目的后心中又害怕失去。这样是非得失天天铭记在心中，就会渐渐病入膏肓，虽在外表有所调养，终不敌心中忧虑的破坏。要想治病，先要治好自己的心。”

林语堂在《生活的艺术》中说：“享受悠闲生活当然比享受奢侈生活便宜得多。要享受悠闲的生活只要一种艺术家的性情，在一种全然悠闲的情绪中，去消遣一个闲暇无事的下午。”

或许每个人都要静下来，有更多的思考，才能懂得其中的艺术，或许人生中就存在着一种时光，叫作似水流年，因为它记录了人生的过往；有一种岁月叫慈悲，因为它永远不会把我们丢弃在风烟里而不顾。

明代郭蒙泉有诗说：“近名终丧己，无欲自通神。识远乾坤润，心空意境新。闭门只静坐，自是出风尘。”

静，是一个人舒服的状态。静心，是一个人高级的智慧。安静下来会发现，人生中的相逢，都带着最初的美好；人生中的离别，都带着岁月的沧桑；人生中的得到，都带着随遇而安的从容；人生中的失去，都带着顺其自然的淡定。

只有静，才能好好地安排自我的内心；只有静，才能好好地安排自我的人生；只有静，才能好好地安排自我的境界；只有静，才能好好地安排自我的天地。

静下来，正在经过的今天，都带着现世安稳，时光的慈悲；即将到来的明天，都带着余生安定，岁月的静好。

▶ 相信的力量

总有些事，不管愿不愿意，
它都要发生，只能接受；

总有些东西，不管怎么躲避，

它都要来临，只能面对；

总有些人，不管放不放手，

他都要离开，只能选择接受。

所谓成长，

就是将一切都变成心静如水，

将一切情绪调整到静音模式。

每临大事有静气。

改变不了的现实，

那就适度调整自己。

活　法：

人生没什么不可放下

人生哪能多如意，
万事只求半称心。
不是所有的执着都是对的，
执迷不悟就是错误。
走不通的路，就改变方向，
想不通的事，就选择放下。
活着，
不要在一件事上纠结，
更不要在一条路上执迷。
休息，是为了更好地前行，
放下，是为了更好地生活。

> 历尽千帆，归来仍是少年。

一　处世：每天懂一点人情世故

世事洞明皆学问，人情练达即文章。

处世是技术，也是艺术；是哲学，也是功夫。会处世的人，无论什么环境，都能泰然自若、怡然自得。

就像《中庸》所说的："君子在自己所处的低位上行使自己所奉行的道理，从来不会倾慕本位之外的东西。处于富贵的地位上，就做富贵地位上所应该做的事情；处于贫贱的地位上，就做在贫贱地位上所应该做的事情；处在夷狄的地位上，就做在夷狄地位上所应该做的事情；处于患难中，就做处在患难中应该做的事情。君子无论处于什么地位，都不会感到不安适。"

普通人之所以是普通人，主要问题在拘泥于每件事，执着于每件事，拿不起，放不下，看不透，想不开。在处世中摆脱不了习气，总是用恶俗的眼光看别人，用世俗的眼光看世界，用庸俗的眼光看自己，这样如何脱胎换骨、脱颖而出？

待人接物，管人理事，很多都是处世问题。只要生活着，便每一天都要与人相处，每一天都要与事相处，每一天都要与物相处。会处世的人，所到之处都是海阔天空、鸢飞鱼跃；不会处世的人，所到之处都是遍地荆棘、虎顾狼伺。

从一个人的处世方法上，能看出他的人品、看出他的识见、看出他的胸怀。

1.每天懂一点人情学问

穷在闹市无人问，富在深山有远亲。

《菜根谭》中说："安身立命、为人处事的时候，自己的道德品行不可以随着环境的变化而改变。即使是在像大火流金那样酷热的环境下，也依然要像清风那般轻柔、和畅；即使处在严霜酷寒肃杀万物的环境下，也要依然能保持和蔼气度；即使处在阴沉昏暗、乌云遮日的环境中，也要依然能保持清澈明朗；即使在波涛汹涌、翻江倒海的环境中，也要依然像中流砥柱那样稳固而巍然屹立，这才是天地间真正优良的人品。"

步入社会，与人相交时，不轻易随着环境的变化改变自己，这样的人十分难得。他们就像是经过大浪淘沙的珍珠，像是经过大火锻造的真金！不论身处何方，始终如一。

有那么一群人，就像墙头草一样随风倒，见人说人话，见鬼说鬼话。在强者面前低伏做小，唯唯诺诺；在弱者面前嚣张跋扈，趾高气昂。他们害怕强者，欺负弱者。他们看起来老实，其实坏得很。

天下的物体没有比天地日月还要大的，可是唐代诗人杜甫却说："日月像笼中的小鸟，天地也仅是水面上的浮萍而已。"

天下的事情没有比拱手把政权让给贤者或以武力夺取政权还要大的，然而北宋哲学家邵雍却说："唐尧让位给虞舜只是像喝三杯酒那样微不足道，周武王征伐商纣仅是像下一局棋那样寻常容易。人们如果能以这样的胸襟和眼界来容纳天下万物，评论古今之事，事情到来犹如水泡产生在浩瀚的海洋，事情过去就如同幻影消失在辽阔的天空。这样，在处理各种各样的纷繁变故时自然能做到内心从容镇定。”

处世是一门学问，学好了，容易事半功倍，受人敬重；做不好，容易惹来麻烦，招人怨恨。《菜根谭》中说：“孔子将不合乎道义而得来的功名富贵视为像天上的浮云一样变幻无常，转眼即空。庄子说，除了真性以外，其余的世间事物都不过像是尘土污垢，不值得留恋贪着。像这样的心胸智慧，那么世间一般的俗事，又哪里值得在意、斤斤计较呢？世间人迷惑在五欲尘劳之中，争名逐利，就是因为没有看清楚这个事实真相。”

一个人对功名富贵应该像蜻蜓点水，旋点旋飞；对福祸得失应该像做人为官，能上能下。正所谓：世上的事，就像一盘棋局，只要在棋盘上布子就有争斗，就会有输赢胜败，只有不着一子，与世无争，才是有高深造诣的人；人生在世，就像生活在一个封闭的瓦盆之中，完全蒙蔽，只有打破这个蒙蔽人本性的瓦盆，才能解悟人生的真谛，达到超凡入圣的境界。

2. 看得透，放得开

江湖路远，总会再见。任何时候都不要撕破脸，任何矛盾都不要做那个掀桌子的人。

龙如果可以豢养，那就不是真正的龙；虎如果可以搭倒，那就不是真正的虎。所以爵位、俸禄只能诱惑那些贪图名利的人，必然不能笼络淡然无欲、不追求名利、不贪图物质享受的人；鼎镬之类的刑具只能落到那些追求恩宠贪求利禄的人身上，而必然不能施加于那些超脱俗世、无私无畏的人身上。

如果一个人蝇营狗苟，逢人磕头作揖、见钱就拜，即使身居高位，也是背着枷锁生活。所以《菜根谭》中又说：“在安静的地方观察世上的人与事，即使是伊尹吕尚那样的功勋业绩，伯夷叔齐那样的节操与义气，都无非是海上漂浮的泡沫；在清静悠闲的时候玩味事物的情态，即使树木和山石偏斜枯竭，鹿和猪的顽劣愚蠢，都无一例外是天地万物的本性。”世间诸事，看得透，心里就敞亮；放得开，气象就宽大。

“君子如果遇到好时机，就‘坐专车’，干大事；如果生不逢时，就把自己深藏起来，随大流。”处世不能没有这种胸襟。

“身居显要官位的人，要保持一种隐居山林淡泊名利的思想；隐居在田园山林之中的人，也应该有胸怀天下治理国家的雄心壮志。”处世不能没有这种情怀。

“不合乎正道的，就是贵为天子也不去做；不合乎正义的，就是给予万金也不去拿。”处世不能没有这种操守。

“一个喜欢夸耀自己名声的人，倒不如避讳自己的名声显得更高明；一个潜心研究事物的人，倒不如什么也不做来得更安闲。”“只要能断除一切尘世烦恼邪念，则不论身处何处，皆是真理存在的境界。要是没有了悟红尘是非，即使做一个出家深修的僧人，依然还是止于俗人的境界。”处世不能没有这种眼界。

有人说：“只要利益不冲突，别人讲话基本上不用反驳。”人情冷暖、世态炎凉的变化，真是错综复杂、瞬息万变，所以对任何事都不要太认真。宋儒邵雍说：“以前所说的我，如今却变成了他，还不知道今天的我，到头来又变成什么人。”一个人假如能经常抱着这种看法，就可解除心中的一切烦恼。

邵雍又说：“生在物欲横流的世界，我们应当思考如何处世，平和、善良、谦逊、恭敬，这些才是处世的良方。”

处世之道，首先要有自知之明，其次要有知人之明，还要有知事之明，知物之明，知时之明，知世之明。尽其当然，顺其自然，得之坦然，失之泰然，这样就没有不能相处的人，没有不能相处的物，到哪里都顺遂、快乐。

3. 处世的信条：双赢

害人之心不可有，防人之心不可无。

朱熹说："凡是涉及名誉和利益的地方，后退一步便安稳，向前一步就危险。"涉及名利是这样，涉及是非也是这样。

有人说："处世有进一步的技巧，也有退一步的技巧。名利是非之地，退一步是上策；舒适恬淡之地，进一步是上策。别人竞相争斗的，退一步是上策；别人纷纷厌恶的，进一步是上策。"

吕坤说："世界上没有使自己和别人都遂心的事，自己有所得别人就有所失，自己获得了利益别人就受到损害，自己获得了荣誉别人就遭受耻辱，自己有了好的名声别人就相形见绌而感到惭愧。所以君子贪求美德而谦让名声，拒绝完美但求有所缺点，使自己和大家一样，不到处显露锋芒，标榜自己，因而心中自然有无上的快乐。"这些金句，都是处世的信条。

洪应明说："生活在太平盛世，为人处世宜坚持原则、刚正不阿。处在天下纷争混乱不太平的时代，待人处世应当圆通机变。处在国家政治衰微，将要走向衰亡纷乱的时候，待人接物应当既坚持原则又圆通机变。对待善良的人要宽容厚道，对待邪恶的小人要严厉，对待普通人要既严厉又宽容厚道。"

吕坤说："自己的长处不要表露在外，应掩藏几分，这就是用含蓄培养自己深沉的品性；别人有缺点要替他掩饰几分，这是用以拓宽自己博大浑厚的胸襟。"

天玄子说："得到利益时，让一分是福气；收获功名时，退一步是安全。生活在太平盛世，严格要求是准则；身处在动乱年代，隐藏起来是法则。”托尔斯泰说：“帮过别人的忙，以后尽量别提。每提一次，帮忙的情分就会少一分。”这些金句，也都是处世的信条。

人生在世，处世就像打仗，不能不谨慎，不能不小心，否则就容易让自己陷入险境，马虎不得、大意不得。谈论学问、谈论道理，适合用加法、进法；谈论处世、谈论为人，适合用减法、退法。这就是老子说的：“求学的人，其欲望一天比一天增加；求道的人，其欲望则一天比一天减少。减少又减少，到最后以至于无为的境地。如果能够做到无为，即不妄为，任何事情都可以有所作为。治理国家的人，要经常以不骚扰人民为治国之本，如果经常以繁苛之政扰害民众，那就不配治理国家了。”程颐教导别人说：“在我这里，只有减损的方法。”

《易经》中说：“吉凶是成败的象征，悔吝是忧惧的象征，变化是进退的象征，刚柔是日夜的象征。”有进取时，就有后退时；有进步法，就有退步法。退无可退，减无可减，便接近大道了。

《菜根谭》中说：“为人处世知道让人一步道理的人才算是高明的人，因为让人一步就等于为日后进一步做好了准备；对待别人宽厚真诚是福气，因为给人家方便得利是使自己日后留下方便获利的基础。”

又说：“人生在世能减少一些麻烦，就多一分超脱世俗的乐趣，例如交际应酬减少，就能免除很多不必要的纠纷困扰；闲言乱语减少，就能避免很多错误和懊悔；思考忧虑减少就能避免精神的消耗；聪明睿智减少就可保持纯真本性。假如不设法慢慢减少以上这些不必要的麻烦，反而千方百计去增加这方面的活动，那就等于是用枷锁把自己的手脚锁住一样。”这是人生处世、自我修养、疗愈心灵、待人接物的秘诀。

▶ 相信的力量

凡事过于较真，
爱钻牛角尖，
不仅于事无补，
还容易深陷内耗的漩涡。
人生苦短，
没必要事事计较，
看重表面的胜负得失。
懂得求同存异，
不仅能赢得别人的好感，
也能越活越通透，
越来越洒脱自如。

“ 不生气，不抱怨，不纠结。

二 心态：你想过怎样的一生

物来顺应，未来不迎，当下不杂，既往不恋。凡事既来之则安之，放平心态，不跟自己过不去。

生活中某些人在自我狭隘的天地里专心于各式各样的戏剧性表演，他们虚张声势和小题大做只会使人感到可笑。人生的矫揉造作、装腔作势、哗众取宠、故弄玄虚一旦曝光在平心静气、朴素淡雅的心情之时，立刻就变成人们茶余饭后的笑料。

心底宽宏旷达的人，对眼里的一切，是喜怒哀乐也罢，是辛酸苦辣也好，都给予淡淡一笑。如果过于现实，城府太深，对发生的事情都脱离不开利益恩怨的算计，这种人便毫无快乐可言。倘若在心境上能稍稍超越世俗功利的陈规陋习，胸怀自然清新坦荡。

就整个宇宙的空间而言，我们居住的地球只不过犹如一粒尘埃，可见地球上的小小生物与无边的宇宙相比，真是小得可怜；就漫长绵延的时空而言，我们的躯体只不过犹如短暂的浪花泡沫，可见那些比生命更短暂的功名利禄，如果和万古无尽的时空相比，真似过眼烟云。

因此，一个人能够乐天安命，守住自己的本分，则无处不逍遥；一个人能够以达观的态度看世界，则无处不潇洒。

1. 得失从缘，乐天安命

没有过不去的坎，只有转不过的弯。得失从缘，心无增减。

孔子说：不知命，无以为君子也。”又说：“不怨天，不尤人，下学而上达，知我者其乎？”

安天乐命，自然不怨恨、不哀求。乐观达观，自然胸襟开阔，精神愉快。孔子说：“富有与尊贵，是人们所向往的，但是不用正当的方法得到它，君子是不能接受的；贫穷与低贱，是人们所厌恶的，但是不用正当的方法去抛弃它，君子是不能摆脱的。”

富贵贫贱之所以不能接受不能摆脱，就是源于乐天安命的素养。孔子又说：“我的道德理想将会施行，那是天命决定的；我的道德理想将会被废弃，那也是天命决定的。”

孔子被匡地的人囚禁了，他说：“周文王死了以后，文化典籍不都在我这儿吗？天如果要消灭周的文化，那么我也就不会掌握这些文化了；既然天不想丧失这些文化，那匡地的人又能把我怎么样呢？”做人不但面对得失要乐天安命，面对生死也要这样。

当司马牛忧愁地说：“别人都有兄弟，唯独我没有。”子夏开导他：“我听说过，人的生死由命运安排，富贵与否也是天意。君子做事慎重而没有差错，待人恭敬而有礼貌。那么，就会天下到处都有兄弟——您何必忧虑没有兄弟呢？”

庄子说：“所谓得到，就是时机正好，生命的失去不过是顺时而去，安时处顺，哀乐不往心里去，这正是古人所说的彻底的解脱，然而不能自我解脱的原因，则是受到了外物的束缚。况且万物不能胜自然，自古以来便是如此，我又怎么能讨厌自己现在这个样子呢？”一个人经营事业，虽然不能抱着听天由命的态度，但要有操之在我的态度。

庄子又说："修养最高的人能任顺自然、忘掉自己，修养达到出神入化的境界而不求功利，圣明的人不求成名。"他又借无名人之口说："你应该畅游在恬淡的心境，与淡漠的气体合为一体，顺应自然的规律而没有半点私心杂念，天下就得到治理了。"又借广成子之口说："至道的精髓，悠远昏暗；至道的极致，昏暗寂静。眼睛不看，耳朵不听，心里什么都不想，操守心志专一静默，形体自然就能健康长寿。一定要心静神清，不要使身形疲累劳苦，不要使精神动荡恍惚，这样就可以长生。眼睛什么也没看见，耳朵什么也没听到，内心什么也不知晓，这样你的精神定能持守你的形体，形体也就长生。"

这是静心的方法，是乐天安命的最高境界。能做到这些，外界的功名富贵、生死荣辱，都不会放在心上了。

2. 达观乐观，自足自乐

一个人能乐天安命，就无处不自得；能达观乐观，就无往不自乐。

《山房随笔》记载：隋朝年间，龙门县有个叫王通的人，曾写了一部《太平十二策》，特地送到京城献给皇帝，可是皇帝没有用。王通回家后当了教师，门下有很多弟子，其中许多是从很远的地方慕名而来的。当时朝廷重臣杨素听说后，非常看重王通，劝他出来当官。王通说："我不愿意当官。为什么呢？我的祖先留下的破草屋足以遮风挡雨，几亩薄田打下的粮食足够喝粥充饥。读读书，和弟子们议论议论治国之道，我自己感到很快乐。希望你能刚直、公正地治理国家，使天下太平祥和，丰衣足食，我也可以得到很多恩惠呀。"这是王通的自足自乐之处。

《玉堂丛语》记载：薛瑄，明永乐十九年中进士，宣德年间授为御史，英宗正统初年被举为山东提学佥事，英宗天顺年间进入内阁参与政务。后来面对石亨、曹吉祥等人乱政，他心中愤懑不平，借口有病要求辞官。

石亨前来探望，并对薛瑄说：“先生如果实在不愿意留下，我可以为你启奏皇上，给你一份皇帝的‘敕书’，有了它就可以在家设立学塾，教导子弟，还可以靠它来维持生活。”薛瑄说：“过去许衡离开朝廷时，元世祖亲自赐予敕书让他去教书，而许衡却把它挂在屋里房梁上，始终没有给别人看过，等他死后人们才发现。我要是靠它来维持自己的生活，那不辞官岂不更好？”

几个月后，一次朝廷中议论要派遣使节到西域去寻求狮子，薛瑄不赞成，上奏未被采纳，又见石亨这样的人在朝中窃权乱政，自己不能有所作为，于是再次以疾病为由恳请辞去职务。

明英宗虽然重视他的学问，但看他年事已高，就批准他退休。退休获准，薛瑄立即出城。当到达直沽准备登船时，遇上风雨，舟不能行。他们被困在那里，粮食也没有了，到了中午全家人还吃不上饭，而薛瑄还在那读书不停。他的儿子薛淳说：“人家都在那好好做官，没人要求退职，而你偏要退，现在困在这里怨谁呢？”薛瑄听了儿子的埋怨不以为然，很冷静地说：“我的身子虽然被困，但我的心情却得以通达顺畅了。”这是薛瑄悟出的通达人生观。

3. 锋芒太露容易没饭吃

人情似纸张张薄，世事如棋局局新。

白居易作诗说：“莫嫌地窄林亭小，莫嫌家贫活计微；大有高门空锁巷，主人到老不曾归。”这是一份乐观的心态，一点泰然的境界。

庄子说：“古时候的真人，不知道喜悦生存，不知道厌恶死亡；

出生不欣喜，入死不拒绝；无拘无束地去，无拘无束地来罢了。不忘记自己从何处来，也不追求自己的归宿；事情来了欣然承受，忘掉死生任其复返自然，这就叫作不用心智去损害道，不用人的本领去帮助自然，这就叫真人。若这样，他的内心忘掉了一切，他的容貌静寂安闲，他的额头宽大恢宏；冷肃得像秋天，温暖得像春天，高兴或愤怒如四时运行一样的自然，对任何事物都合宜相称而无法探测他精神世界的真谛。"

仔细推敲起来，庄子说的"不用心智去损害道，不用人的本领去帮助自然"，也有安时处顺、乐天知命的意思包含在里面。

人力固然胜天，可是成功有时也有机遇成分在里面发挥作用。做人做事一方面积极追求，努力奋斗；另一方面，当碰到不如意的事情时，要学会"安守天命"。

俗话说：乞丐不会嫉妒一个富翁，只会嫉妒比他要得多的乞丐。人生就是这样无奈，富贵的时候，人们嫉恨你；贫穷的时候，人们嘲笑你。嫉妒和嘲笑你的人，往往就是身边人。

站在自己的角度理解别人，站在别人的角度释怀自己。允许别人做别人，允许自己做自己。保护自己最佳的方式，就是从不高估自己在别人心里的分量。千万不要自以为是，他人的世界里，你轻如鸿毛。

锋芒太露容易没饭吃。木秀于林，风必摧之；行高于人，众必非之。即使自己很优秀，也要学会韬光养晦，隐藏锋芒。为人低调，虚怀若谷，才能万事通达。

人不在活得富贵，而在活得顺心自在。有成就时，适当地高兴一下未免不可，不得志时却不能心怀忧郁。志存高远，不怨天，不尤人，安分守己，这样对万事万物就都通达乐观。

静里乾坤大，闲中日月长；若能得安分，都胜别思量。荣辱纷纷满眼前，不如安分且随缘；身贫少虑为清福，名重丘山长孽缘。淡饮尽堪充一饱，锦衣那得几千年？世间最大唯生死，白玉黄金全枉然。

生命固然是人之所贵，但生命又非贵之所能存；幸福当然是人之所爱，但幸福并非爱之所能增。人想要的不一定能得到，人不想要的却往往推不掉。乐天知命的人，对生活既没有自矜之色，也没有惭恨之心。面对世事的崎岖坎坷，都能“默之成之，平之宁之，将之迎之”，进而漠然置之，泰然处之。人到了这样的境界，多少算是知天命了，可以称之为达人。

▶ 相信的力量

凡事顺其自然，遇事处之泰然；
得意之时淡然，失意之时坦然；
艰辛曲折必然，历尽沧桑悟然。
正如有位作家说的：
人不可以太倔强，活在世界上，
有时候需要认真，有时候只能无所谓。

> 人生多艰，不如意事常八九。

三 小满：一半一半刚刚好

“北大满哥”曾经写过一个关于“小满”的文案，全文如下：

“很奇怪！有小暑一定有大暑，有小寒一定有大寒。但有小满，却没有大满。因为大满，不符合我们古人的智慧。”

“小满这一天，雨水开始增多，江河渐满。麦穗开始逐渐饱满，但还没有完全饱满。所以小满这种状态特别好。”

“小满，代表一种生活态度，就是我们一直在追求完美的路上，但并不要求一定要十全十美！所以从这个角度看，小满是一年中最好的一个节气。”

人生的法则中，有一种小满的法则。所谓小满，就是对待一切事，都不苛求它的圆满，不妄想它尽如人意。而以不圆满为圆满，以不完全为完全，以不如意为如意。小满以致神用，自得天全。

怎样面对人生不可避免的缺陷，而不感到遗憾呢？既然躲是一定躲不过去的，那么就平静地去接受它吧。孤单不一定不快乐，失去不一定不再有，转身不一定不再回头——平静地去接受它，你也许就会发现，小满有时也是一种美。

龚定庵有诗说：“未济终焉心缥缈，世事都留缺陷好！吟到夕阳山外山，古今谁免余情绕？”世事都留缺陷好，即使贫无立锥之地，仓无引鼠之粮，也能心安理得，乐在其中。如果处处要求十分圆满，就是死时也难有个圆满的境界。

世间没有人不热爱理想人生的，可是从古到今，又有谁能圆满他理想的人生？上自帝王将相，下到平民百姓，在人生中不是有这种缺憾，就是有那种缺憾。此时此地，在心理上求个自认为的圆满就可以了。这样就能处处圆满，事事圆满。不然便事事难圆满，处处难圆满。

1. 小满未满，留有余地

月盈则亏，水满则溢。古人对小满推崇有加：最好的人生是小满，花未全开月未圆。

不满，则空留遗憾；过满，则招致损失；小满，则照见一种“不多不少、刚刚好”的人生状态。

老话常讲，“做人，话不要说得太满，事不要做得太绝”，就蕴藏着“小满”之理。为人处世，也讲究个“度”：好在适度，坏在过度，留有余地，往往才会从容淡定，进退自如。

言之易，行之难，我们中很多人，不单跟他人较劲，也惯爱难为自己。不达完美无缺誓不罢休的你，不妨多问自己一句：我追求的是极致，还是极端？要知道，朝着某一方面尽善尽美的执着与坚持，也需要用智慧把关。生活，有没有因为你的这份“追求”，变得更可爱更值得拥有呢？

一个百分之百圆满的人生是没有的。豁达如季羡林，他说，不圆满才是人生。了解这个平凡的真理，对人，可互相谅解；对己，才可不烦不躁。

小满，就是今天你的收获所得，总比昨天饱满一点，但是永远不自满。你种自己的花，结自己的果，丰盈自己的天地，你进一步，自有进一步的欢喜，所以不疾不徐，所以常乐长乐。

小满未满，未满之时难免存在缺憾。很多时候，缺憾也有一种美感。

陶觉说："世界本来就有缺憾，人心本来就求圆满。我们应当以圆满的人心，去圆满有缺憾的世界。不应当用缺憾的世界，来缺憾圆满的人心。"这就是自足于内，不求于外的真谛妙理。它清楚地表明，人生没有缺憾是神话，拥有缺憾才是事实。天才也有缺憾。人类应当传承一条真理，即"人类因为缺憾而存在，因为缺憾而永恒"。不懂得缺憾的真义，就无法领悟这个世界的另一面。

洪应明说："帆只扬五分，航船便能安稳；水只注五分，器具便能稳定。韩信因勇略震撼刘邦，所以被害；陆机因才名盖世，所以被杀；霍光的失败在于以权势威逼君主，石崇的死亡在于拥有的财富太多。"

一个人做事做到十分满，便要自我减损，自我抑制，以便留下一个缺口，给自己一个回旋的余地，千万不能困守在圆满和极端里而走不出来。陶朱公三次积累千金而成巨富，但最后都散尽家财，就是明白这个道理。南怀瑾先生也说："凡事做到九分半就已差不多了，该适可而止，非要百分之百，或者过了头，那么保证你会适得其反。"

《书经》上说"谦受益，满招损"。"谦"字亦可解释为"欠"。万事欠缺一点，如喝酒一样，欠一杯就蛮好，不醉了，还能惺惺寂寂，脑子清醒。如果再加一杯，那就非丑态毕露、丢人现眼不可——"满招损"。又如一杯茶，八分满就差不多了，再加满十分，非溢出来不可。

魏国公子牟说："抱残常安，守缺常全。"吉事怎样方得长久？有财富如何保持财富？有权力如何保持权力？这就要做到"不求圆满”。

南怀瑾先生为此举例说：“曾有一位朋友谈到人之求名，他说有名有姓就好了，不要再求了，再求也不过一个名，总共两个字或三个字，没有什么道理。”

南先生又现身说法：“有一次，从台北坐火车旅行，与我坐在同一个双人座的旅客，正在看我写的一本书，差不多快到南站，见他一直看得津津有味。后来我俩交谈起来，谈话中他告诉我说：这本书是南某人作的。我说：你认识他吗？他答：不认识啊，这个人写了很多书，都写得很好。我说：你既然这样介绍，下了车我也去买一本来看。”

南怀瑾先生接着说：“我们的谈话到此打住，这蛮好。当时我如果说：我就是南某人。他一定回答说：久仰，久仰。然后来一番当然的恭维，这一俗套，就没有意思了。”南先生算是悟透了“小满”的真谛。

2. 不求太过圆满

人生永远不会太圆满，人生也总会有缺憾。我们能做的，只能是尽自己的能力，让自己的人生少些悔恨，少些不甘。

李商隐有一句诗说的是：“此情可待成追忆，只是当时已惘然。”名利如此，权势也如此。即使家庭父子、兄弟、夫妻之间，也要留一点缺陷，才会有美感。以文艺作品的爱情小说而言，情节中留一点缺陷，总是美的。如《红楼梦》里贾家从极盛到极衰只有几年时间，比较长一点的《浮生六记》，也难逃先甜后惨的结局。又如一件古董，有了一丝裂痕摆在那里，绝对心痛得很。若完好无缺的东西摆在那里，那也只是看看而已，绝不心痛。可是人们总觉得心痛才有价值，意味才更深长。

洪应明又说："假如上天不肯给我很多福分，我就多做些善事来培养我的福分；假如上天用劳苦来困乏我，我就用安逸的心情来保养我疲惫的身体；假如上天用穷困来折磨我，我就开辟我的求生之路来打破困境。假如我能做到以上各点，上天又能对我如何呢？"这就是"守半守缺"的人的处世观。外在条件不好，就用内在条件来弥补它，外在环境有缺陷，内心就用道德来填充它，用道义来开通它。这样做了，即使仍然存在缺陷，结局却能超越圆满。

人生最可贵的地方是有觉解、有了悟。功名富贵、是非得失相对于人生来说，只不过是外在的装饰，不可与人生内在的品德尊严相提并论。

所以陶渊明说："结庐在人境，而无车马喧。问君何能迩？心远地自偏。采菊东篱下，悠然见南山。山气日夕佳，飞鸟相与还。此中有真意，欲辩已忘言。"

林清玄有这样一个比喻：一条毛虫，生在野草之中，一天吃一点草，一天喝一点露水；上午受一些风吹，下午遭一些雨打；有时候有闪电，有时候有彩虹；或者被鸟啄了，或者喂了螳螂；生命只是如是前行，不必说给别人听。只有在心里最幽微的地方，时时点着一盏灯，灯上写两句诗：今日踽踽独行，他日化蝶飞去。

人生为什么一有缺憾就拼命去补足呢？正因为我们有着这样或者那样的缺憾，我们的未来才有美好的生机和美好的可能性。这何尝不是一件求之不得的事，一件值得高兴的事？保持一颗平常心，不为名利所累，不为世俗所扰，走好人生的每一步，多好，多美妙。

3. 一半一半，也能成就

世界上的事情，最忌讳的就是十全十美。天上的月亮，一旦圆满了，马上就要亏厌；树上的果子，一旦熟透了，马上就要坠落。凡事总要稍留欠缺，才能持恒。

一个人生前努力追求圆满，离开人世后什么也带不走，最终只是“究竟无得”。如果能自知自足，自然就会领悟到“满室清风满几月，坐中物物见天心”的悠然境界。做人做事，缺胜过圆，半胜过全；万事全多缺，人生半最佳。

“一半一半，也能成就”，这是一位国学大师对成功人生的开示教诲。他说：

世事都是“一半一半”的：白天一半，黑夜一半；陆地一半，河海一半；好人一半，坏人一半；贫穷一半，富有一半……随着时移世迁，一半一半虽然互有消长，却无法使这“一半”全然统治那“一半”，就因为如此，人生才有美好的希望，才有许许多多的成功路径。

世间原本是“一半一半”的，我们不必强求自己在某一个领域里出人头地，也不必抱住一棵大树不肯撒手，因为还有另一方天地等待我们去开拓，还有许多空白等待我们去填补。

我们明白自己只有“一半”，就能虚怀若谷，接纳另外一半；就会有自知之明，努力精进，百尺竿头，更进一步。

人虽然在职业、地位上有所差异，但是只要随顺因缘，在自己“一半”天地里恪尽职守，奉献心力，对人类同样能有所贡献。

当两个“一半”有所冲突时，我们必须衡量轻重，有所取舍。例如：有人为了学业而耽误了恋爱时光；有人为了事业而放弃了家庭建设和温馨；甚至有人为了正义和民族尊严而舍弃了宝贵的生命……世事虽不圆满，但只要你取舍得当，同样能在“一半”中如愿以偿。舍弃了这“一半”，另“一半”会更丰富、更多姿多彩。

在“一半”与“一半”之间，只有选择，而不能全得，选择不得当就会适得其反。有人为了功名利禄，只知道争先恐后地汲汲营营前面那“一半”，而忽略了后面这“一半”，殊不知前面那“一半”世界里，已经被拥挤得杂乱不堪了，到头来东撞西撞，只能撞个鼻青脸肿，乃至粉身碎骨。也许只有在吃了大亏时，才能回头再来看看后面这“一半”，这“一半”似乎显得清静，没有前“一半”那么诱人……然而，当你实实在在走进这后“一半”世界中时，你就会觉得：这“一半”天高地阔，天清地爽，一切都实实在在，都能投缘。这也许就是古人常说的“退一步海阔天空”吧。

这位大师还以自身的经历告诫我们说：“好的一半，能带动全部；坏的一半，也会影响全部。”人世间，“一半”是正义的，“一半”是非正义的；“一半”是正的，“一半”是邪的。所谓：“正人行邪法，邪法也成正；邪人行正法，正法也成邪。”所以，我们必须以智慧来洞察这“一半”和另“一半”的世界，明辨是非、黑白、正邪。不但要坚持这“一半”，谨防误入那“一半”，还要以这“一半”去改变、净化那“一半”，让好的“一半”，带动全部。

4.《半半诗》

有句歌词唱道：“军功章里有我的一半，也有你的一半。”人们常说：“男人的成功有女人的一半。”“一半”与“一半”有它的互融性和互补性，没有这“一半”，也就没有那“一半”。唯有打破执着和偏见，“一半”与“一半”之间沟通协调，互相合作，才能得到幸福，才能取得成功。

清朝李密庵曾写过一首“半半诗”，表达了“一半一半”的悠然境界：

看破浮生半百，半生受用无边；

半残岁月尽悠闲，半里乾坤开展。

半郭半乡村舍，半山半水田园；

半耕半读半寒廛，半士半民姻眷。

半雅半粗器具，半华半实庭轩；

衾裳半素半轻鲜，肴馔半丰半俭。

童仆半能半拙，妻子半朴半贤；

心情半佛半神仙，姓字半藏半显。

一半还之天地，一半让将人间；

半思后代与桑田，半想阎罗怎见。

饮酒半酣正好，花开半时偏妍；

帆张半扇免翻颠，马放半缰稳便。

半少却饶滋味，半多反厌纠缠；

百年苦乐半相参，会占便宜且半。

老子说："曲则全，枉则直，洼则盈，敝则新，少则得，多则惑。是以圣人抱一为天下式。不自见，故明；不自是，故彰；不自伐，故有功；不自矜，故长。夫唯不争，故天下莫能与之争。古之所谓曲则全者，岂虚言哉！诚全而归之。"翻译过来就是：弯曲才能保全，委屈才能伸展，低洼之地可盈满，破旧器物将更新，目标少点收获更多，追求多了反而迷惑。所以，有道的人坚持以"道"作为天下事物的法式。不自我显摆，反能显明；不自以为是，反能声名显赫；不自吹自擂，反能功勋卓著；不自高自大，反能飞黄腾达。正是因为不和别人争，所以天下也就没有人能争。

一般人想得到的是保全、是伸展、是盈满、是更新、是更多，老子却相反，他主张弯曲、主张委屈、主张低洼、主张破旧、主张少数。

现实生活中，不可能事事都一帆风顺，极有可能遇到各种困难。老子告诉人们，在遇到困难时，可以先采取退让的办法，静观以待事情发生变化，然后再采取行动，从而达到目的。

5. 曲而全，不争而胜

庄子曾说，老子的思想是："人皆求福，己独曲全。曰'苟免于咎'。"这里说的"曲全"，便是"苟免于咎"。在老子看来，事物中存在着对立统一的关系，人们应对事物的两端都加以观察，从正面去透视负面的状况，而对于负面的把握，更能显现出正面的内涵。实际上，正面与负面，并不是截然不同的东西，而是互相包含的关系。

老子提醒人们，要放开眼光，要虚怀若谷，坚定地朝着既定的目标前进。但是也要考虑客观的情况，如果一味蛮干，只能得到相反的结果。

在"曲"里隐含着"全"的因素，在"枉"里隐含着"直"的因素，在"洼"里隐含着"盈"的因素，在"敝"里隐含着"新"的因素，掌握了其中奥妙，就能做到"不争"而胜。

人生可贵之处在于大彻大悟，所以一半一半，是大彻大悟的一半一半。大彻大悟，我们才能消灭贪婪占有之心，才能消灭是非毁誉之心，才能消灭荣辱得失之心。

争名夺利，不如抱残守陷；穷奢极欲，不如乐道怡心。这句古训浅显易懂。所以，又有一首《半半诗》，堪称做人做事的"圣经"：

参透乾坤只半，识得人生难全。

天道好缺而恶满，何为碌碌求圆。

半贫半富半安足，半命半天半偶然；

半痴半聋半糊涂，半真半假半疯癫；

半用半舍半行藏，半智半愚半圣贤；

半人半我半自在，半醒半梦半神仙；
半有半无半苦乐，半荣半辱半因缘。
一半尽在于我，一半听任自然。
识得半的玄机在，世间到处总悠然。

▶ 相信的力量

这个世上，
只要眼里有光，
脚下有路，
便无须迷茫。
在命运为我们安排的时区里，
一切都准时，
一切都刚刚好。
如期而至的纵然是惊喜，
姗姗来迟的未必不圆满。
只要朝着正确的方向努力，
努力去做喜欢做的和有趣的事情，
让自己的内心充盈着喜悦。

> 生活不必处处强硬，
> 柔软也可以战胜一切。

四 柔软：强大的人无须强势

心有猛虎，细嗅蔷薇。你的善良，要带点锋芒。你的温柔，要带点力量。

曾国藩说：“做人，必须刚柔互用。只柔不刚，人就容易萎靡。只刚不柔，人就容易失败。刚，不是残暴，不是严厉，而是自强；柔，不是软弱，不是无能，而是谦让。做人做事，需要自强。追求名利，需要谦让。”

从这句话里，能读出曾国藩对老子的“柔弱思想”研究得很透彻。

曾国藩为人处世推崇老子的观点，却从来不在众人面前谈论老子的思想。所以在清代官场各种人事的倾轧下，曾国藩虽身居高位，依然能全名而归，全身而退。这都源于他的智慧谋略。

1. 柔弱胜过刚强

世界如此险恶，你要内心强大。

人们在做事时，有用刚取胜的，也有用强取胜的；有用柔取胜的，也有用弱取胜的。但老子唯独提倡用柔弱的方法来做人做事。

据记载：这年，老子的老师商容快病死了，老子赶去探望。

老子扶着商容的手问："先生怕快要归天了，有没有遗教可以告诉学生呢？"商容缓缓回答："你不问，我也要告诉你。"

想了一会儿，商容张开嘴问老子："你看看，我的舌头还在不？""在啊。"老子回答说。

"我的牙齿还在不？"商容问。"一颗也没有了。"老子回答说。

商容问："你知道是什么意思吗？"

老子想了想，答道："知道了，舌头还能存在，不就是因为它柔软吗？牙齿之所以全掉了，不就是因为它太刚强吗？"

商容感慨地说："对啊，天下的事情，处世待人的道理都在里面了，我再没有什么可告诉你了。"

老子说："活着的时候，身体是柔软的，死了以后身体就得僵硬。草木生长时是柔软的，死了就变得干硬枯槁。所以坚强的东西属于死亡一类，柔弱的东西属于生长一类。"老子又说："天下中最柔弱的东西，可以攻入天下最坚强的东西里面去。""普天下，再没有什么东西比水更柔弱的了，而攻克最坚强的东西，却没有什么可以胜过水了。弱胜过强，柔胜过刚，这个道理普天之下没有谁不知道，就是没有人去实行。""道的本体是最柔的，所以有无穷的作用，可以克制最刚强的东西。刚必然受折，强必然易败。"

曾国藩早年在湖南江西官场处处不得志，很大程度上与他强硬、锋芒的性格有关。心情低落到极致的曾国藩借为过世父亲守孝的机会，回湖南老家好好休养调整一番。一年多时间，他都在痛苦中度过，头发、胡须开始花白，精力锐减，气势不足，眼睛视物模糊，卧床不起。

身体的变化，使曾国藩不禁哀叹，尚不满五十岁，怎么会如此衰老颓废？他的弟弟曾国荃忧心如焚，四处求医、问卦，都没有效果。一天，村里来了一位颠和尚，自称能治百病，曾国荃将他邀至家中，求他为兄长看看。和尚来到曾国藩床前，为其号脉诊断。片刻后，他吩咐曾国荃拿来纸、笔、墨，为曾国藩开具药方，并要求曾国荃跪于厅堂香案前紧闭双目，一个时辰后起来，将药方送到曾国藩手中，并说："你哥哥不用服药即可痊愈。"曾国荃按照他的嘱咐办了。当曾国藩打开药方，只见上面写了 4 句话 12 个字："敬胜怠，义胜欲；知其雄，守其雌。"曾国藩大惊，立即坐起问："人呢？"曾国荃出门寻找，不见颠和尚身影。当他再回到房中，却见曾国藩能下床走动，惊叹："真神。"

"敬胜怠，义胜欲"讲的是为人原则，唯有做到自律、自戒才能有出人头地的机会；"知其雄，守其雌"讲的是处事方法，在高调做事的同时，要懂得低调做人，刚柔并济处事才是万全。

一位职业经理人在经历工作的大起大落后说："人要学会藏两样东西，一是心事，二是本事。心事要藏在自己心里，许多事一旦说出来，就成了别人嘴里的故事，心不设防受伤是早晚的事。本事也要藏三分，本事如锋芒，是一种刺，很容易扎伤别人，人都有嫉妒心理，宁可接受陌生人成功，却很难容忍身边人拔尖。如果你不懂敛藏，肯定会招来数不尽的明枪暗箭。"

人性经不起考验，所以应常存敬畏之心。司马迁说："天下熙熙，皆为利来；天下攘攘，皆为利往。"君子藏隐藏锋芒的目的就是等待机会，在适当的时候发挥到极致。

2. 方圆并用，刚柔并济

有一利必有一弊。智者顺时而谋，愚者逆理而动。

说话、做事、交际、管理、教子都不能走极端，走极端就会走向反面。

《易经》中说："日中则仄，月圆则缺。"老子说："用兵逞强就会遭致灭亡，树木粗壮就会遭受砍伐。凡是强大的，总是处于下位；凡是柔弱的，反而居于上位。"

这是"道"的最高原则的大机大用，也是"天地观""历史观"的大机大用。故人们将其称之为"柔道"。把它用在谋略上，它就是"柔道"的谋略法则；把它用在处世上，它就是"柔道"的处世方法。

史料记载：汉代光武帝亲临章陵，在那里修庙宇，盖祠堂，建田庄，饮酒作乐，大行赏赐。正好宗室中的长辈与母后，因酒喝得高兴了，相互说道："文叔（光武帝）年轻时谨慎、守信，对人有礼有节，现在变得既刚强又柔顺了。"

光武帝听到后，哈哈大笑说："我治理天下也想依柔道而行。"所以说柔道的作用，不仅可以持身受用，治理天下也大有作为。

刚而能柔，这是用刚的方法；柔而能刚，这是用柔的方法。强而能弱，这是用强的方法；弱而能强，这是用弱的方法。这四条，大的可用来治理国家天下，小的可以用来处世持身。

刚就容易方，柔就容易圆。

做人做事，为人处世，方圆并用，刚柔并济，才是全面的方法。如果只能刚却不能柔，只能方却不能圆，只能强却不能弱，只能进却不能退，导致的结果必然是失败。

吕坤说："方正严厉是待人的大缺点。圣贤为人处世没有不温和宽厚的，所以才称作泛爱众，和而不同，群而不党，周而不比，爱人，慈祥，恺悌，乐只，新民，容众，万物一体，天下一家，中国一人。假若孤傲不群，难以亲近，那么就是世界的一个障碍而已。即使保持正直，循规蹈矩，独立不苟，也不是世间有用的人才，最多只是一个倔犟耿介的人罢了。”柔可以容人，圆可以用人，只是一味刚、一味方，便处处碰壁，与人格格难入了。

老子认为：柔弱能战胜刚强；争强好胜的人不能寿终正寝；勇于坚强就会死，勇于柔弱就可以活。所以老子的立身处世主张：经常停留在众人都不喜欢的地方；别人都争第一，我只取最后；别人争取雄强，我只安守雌柔。

老子在阐述安守雌柔的原理时说：“深知什么是雄强，却安守雌柔的地位，甘愿做天下的溪涧。甘愿作天下的溪涧，永恒的德性就不会离失，恢复到婴儿般单纯的状态。深知什么是明亮，却安于暗昧的地位，甘愿做天下的模式。甘愿做天下的模式，永恒的德行不相差失，恢复到不可穷极的真理。深知什么是荣耀，却安守卑辱的地位，甘愿做天下的川谷。甘愿做天下的川谷，永恒的德性才得以充足，恢复到自然本初的素朴纯真状态。朴素本初的东西经制作而成器物，有道的人沿用真朴，则为百官之长，所以完善的政治是不可分割的。”

老子生活的春秋末年，政治动荡、社会混乱、纷纭扰攘。针对这种社会现实，老子提出了知雄、守雌的处世原则，并主张用这个原则去从事政治活动，参与社会生活。

守雌，含有持静、处后、守柔之意，又有内收、凝敛、含藏之意。守雌不是退缩或者逃避，而是提醒人们以柔弱、退守之道，来保身处世、治国安民。守雌与知雄相辅相成，先对雄的一面透彻了解，然后居于雌的地位。

守雌、守黑、守辱，另一种说法就是守拙、安贫、忍辱负重、卧薪尝胆等。例如，春秋时越王勾践就是一个能守拙的人。“木秀于林，风必摧之”，何必做“出头椽子”？

明代陈继儒曾经写过一首《守雌》的诗歌说：“时事如半局残

棋，妄斗雌雄，局更何分胜负。世途直一声幻梦，强争头角，醒后哪见输赢。”这是至理名言。邵雍说：“牡丹含蕊就会盛放，烂漫就会枯萎。”这是深得老子刚柔的本意。

《史记》记载：汉六年（前201）正月，汉高祖刘邦封赏功臣。他对众人说：“出谋划策于营帐之中，决定胜负在千里之外，这就是子房的功劳。”让张良自己从齐国选择三万户作为封邑。

张良听后，连忙推辞说：“当初我在下邳起事，与主上会合在留县，这是上天把我交给陛下。陛下采用我的计谋，幸而经常生效，我只愿受封留县就足够了，不敢承受三万户。”张良后来以自己未立大功为名，辞去留侯的封赏，跟随赤松子云游天下，得以善终。

3. 有刚有柔，游刃有余

顺情好说话，愚直惹人嫌。

一个人太刚，往往会狂妄自大、自负傲物、骄矜武断、固执己见，这无疑是性格上的一大缺陷。鉴古知今，这样的人总是失败多于成功。轻则损兵折将，重则身败名裂，家破人亡。

如项羽太刚，导致兵败被杀；关羽太刚，被吕蒙窃取荆州败走麦城，身死殒命；冉闵太刚，导致廉台之战大败，被斩首身亡；虞翻太刚，失去孙权信任，以致被贬；寇准太刚，让其仕途充满坎坷；海瑞太刚，终遭奸臣陷害。

一个人性格太柔，往往会办事迟疑、没有决断，软弱无能，在犹豫不决中失掉了一次次机会。

如世界级文学大师卡夫卡，他短暂的一生缺乏独立性，只有依赖性，一直对父母有比较大的依赖性。软弱的个性，最后使他抑郁而终。

有刚有柔，才能变得游刃有余。每个人都可能有环境不好、遭遇坎坷、工作辛苦的时候。说得严重一点，我们降生到这个世界时，就被注定了要背负起经历各种困难折磨的命运。

孔子德不在别人之下，却半世颠沛流离，无奈之余，他也只得承认，“道之将行也与，命也；道之将废也与，命也”。孔子说他“五十而知天命”，为什么像孔子这样的圣人要到50岁方才懂得命运的力量呢？唐代人卢重玄在《列子叙论》中解释说，孔子“历国应聘而思执鞭之士，是不忘力也”。

原来孔子50岁之前一直很相信人力的作用，所以“罕言命”，凡事抱着“知其不可而为之”的意志；但是，当他遇到向鬼这种无赖和碰到类似于匡地那种险境，他还是不得不拿天命来做自我安慰。这不失为一种应对人生的妙法。

作家罗兰说：“我常把人生看作一次旅行，辛劳和苦难算作是我们所不能不花的旅费。而在这一趟旅程中，我们可以得到各种各样五色缤纷的经验。当我们痛苦的时候，可以当做那是我们在旅途中的涉水跋山、走狭路、过险桥。而当我们快乐的时候，那是我们到达了风光明媚的处所，卸下了行装，洗去了风尘，在欣赏流连。也正如旅行一样，不在某一处风景区永远停留，而只能在驻足一阵之后，就又该背起行囊去寻觅另一处佳境。因此，人间的苦苦乐乐，我们都该把它看作理所当然。做生意顺利的时候，财源滚滚而来，取之不尽，用之不竭，那是顺境。一旦遇上风险，逆境来临，就又要过一过节衣缩食的苦日子。不够坚强的人当逆境来临时，就难免会匆匆结束这次旅行，提早承认自己的失败；而假如我们够坚强，就该明白，我们就是为经历这些风险而来。”

无论我们遭受何种命运的不幸，或者遇到什么难忍的痛苦，只要一想到这是命运的安排，是命中注定的必然结果，一颗万针穿刺的心便可安逸平静下来。

正如唐伯虎所说的："人算不如天算巧，机心争似道心平。"为人处世息心机，息人算，就会产生浑厚、圆融、平和的气象。

4. 保持适中，恰到好处

多一事不如少一事，兴一利不如除一害。

《玉堂丛语》记载：杨鼎，明正统至成化年间曾任兵部尚书。早年，他在乡试中获第一名以后，就去南京国子监学习。他从湖广老家来到南京，不带一个僮仆，自己一面刻苦攻读，一面还要做饭。

当时国子监的负责人陈敬宗考查了杨鼎的学问与品行后，对他很赞佩，感慨地说："杨鼎一个人闭门读书，品行端正，能忍受常人所不能忍之苦，说他像颜渊那样'一箪食，一瓢饮'也不算过分啊！"

当时有一个任知府的官员得知杨鼎的情况后，想把自己的女儿嫁给他，杨鼎推说没有告知父母，委婉拒绝。这个知府就托杨鼎的同乡、兵部尚书徐琦去和陈敬宗说："杨鼎的家里是很清贫的，而这位知府大人家很富，杨鼎父母知道后，对这门亲事肯定会满意的。"

陈敬宗去劝杨鼎，让他接受这婚事，杨鼎说："孔子弟子原宪，蓬户褐衣蔬食，而他自己不减其乐；这样的人生活虽贫穷，但在精神和道德上是富有的。猗顿经营畜牧盐业，十年之间成为富商，这样人虽富，缺少道德。我怎么敢贪求富贵呢？"听了这番话，陈敬宗更敬佩杨鼎的品德节操。

邵雍在《省事吟》中写道："虑少梦自行，言稀过也稀。帘垂知画永，柳静觉风微。但见花开落，不闻人是非。何须寻洞府，度多也应迟。”这个境界完全是一片自然的回音，完全是一派祥和的气象。

洪应明在《菜根谭》中写道：“处世让一步为高，退步为进步的张本；待人宽一分是福，利人是利己的根基。”

孔子在瞻仰周天子太庙时，看到一只形状十分奇怪的器皿，就问守庙的人：“这是什么器皿呀？”守庙的人回答说：“这是一种被当作座右铭的器皿，名叫欹器。”

孔子说：“噢，我听说过这种欹器。是不是酒盛满了，它就要倾翻；盛浅了，它就要倾斜；不满不浅，它才会端端正正立着。是这么回事吗？”守庙的人回答说：“正是这样的。”

孔子让弟子子路取了点清水，试了试，果然是这样。孔子长叹一声说：“对呀！世上哪有满而不翻的事啊！”

子路说：“请问老师，这酒壶满就翻，不满就歪，适中才正，其中可有道理？”孔子回答说：“做人的道理也是一样，要保持适中，恰到好处，满了就要压低一些，减弱一点。”

子路又问：“那有什么办法来压低和减弱吗？”孔子回答说：“德高望重的人，要懂得尊重别人；土地多的人，要懂得节约勤俭；高官厚禄的人，要懂得谦虚谨慎；统帅精锐部队的人，要懂得可能打败仗；智慧过人的人，要懂得自己也有愚蠢；博闻强记的人，要懂得自己也有无知和浅薄。这就是我所说的压低减弱的办法。”

王留耕说：“留下余不尽的巧，以还造化；留下余不尽的禄，以还朝廷；留下余不尽的财，以还百姓；留下余不尽的福，以还子孙。”张无尽也说：“事不可做尽，势不可用尽，话不可说尽，福不可享尽。凡事不尽处，则意味深长。”《尚书》中说：“满招损，谦受益。”做人不能只追求刚强，还要守住柔弱；不能只追求进取，还要守住退让。

艺术歌曲之王舒伯特说过：“只有那些能安详忍受命运之否泰者，才能享受到真正的快乐。”当我们处于无可改变的不如意的时候，只有安详顺受、柔弱守雌，并且从容地由不如意中去发掘新的道路，才是求得快乐宁静的最好办法。

▶ 相信的力量

老子说：“上善若水。”

水的智慧是：

你高，我便退去，绝不淹没你的优长；

你低，我便涌来，绝不暴露你的缺点；

你动，我便随行，绝不撇下你的孤单；

你静，我便长守，绝不打扰你的安宁；

你热，我便沸腾，绝不妨碍你的热情；

你冷，我便凝固，绝不冷漠你的寒冷。

“ 看出人里，看出人外。

五 真诚：不可不知的人性

巧诈不如拙诚，唯诚可得人心。

做事要抱着一种求真的态度。我们往往追求代表真实的人和事物，因为它代表着最崇高的美德——诚实与守信。

所谓“因果定律法则”，无非是一个人的诚实与否，经过一段时间后所显示出来的结果。一个人不能诚实地面对自己，就无法真正拥有成功。

用蜡塑成的人或房子，在某些情况下会融化。内心不诚挚的人，最终必将显露真面目。诚信是财富，是人的良好愿望和人的尊严方面的财富。

在诚信方面进行投资的人虽然不能在世俗的物质方面变得富有，但是，他可以从赢得的尊敬荣誉中得到回报。

1. 做人要真诚，发挥本性

不怕红脸关公，就怕抿嘴小人。帮人就是帮自己，害人就是害自己，骗人就是骗自己。

本杰明·鲁亚德说过：“没有谁必须要成为富人或成为伟人，也没有谁必须成为一个聪明的人；但是，每一个人必须要做一个诚实的人。”

诚实使一个人保持正直，给他以做事的力量和耐力，并且，诚实也是一个人精力充沛的主要动力。

朱熹说：“君子所具备的本性，虽然大行却不添上没有的东西，虽然贫困却不损伤自己。”所以能得到本性真性，又何必去增添损失呢？

朱熹又说：“正因为他的良心发现他的微妙之处，猛然觉醒提示，使自己的良心不糊涂，便是人修行的本事。本事有了，自然不学而能上达。如果不观察良心发现处，渺渺茫茫，终究难有下手的地方。”

这个良心发现的地方，便是内在、本来，即善的真性情流露之处。这个猛然觉醒提示，能唤起而扩充它，便是圣人所说的“发挥本性”的功夫。

所以《中庸》中说：“只有天下最真诚的人，才能充分发挥天赋的本性；能充分发挥天赋的本性，就能充分发挥天下众人的本性；能充分发挥天下众人的本性，就能充分发挥万物的本性；能充分发挥万物的本性，就能赞助天地养育万物；能赞助天地养育万物，就能与天地并立为三了。”“物我一体”“天人合一”的修养方法，都包含在发挥本性里面。

不自欺，不欺人，不欺世。发挥本性的真，就能发挥天地万物人我的真；发挥本性的善，就能发挥天地万物人我的善；发挥本性的美，就能发挥天地万物人我的美。这一切都应归功于本性的真诚。所以孟子说：“孔夫子如同天地。”只要做到真诚，不仅孔夫子如同天地，人人都能如同天地。

一个人做事要获得成功，他就应该坚持不懈地追求诚实。一个人失去了真诚的品格，就会像一艘在大海中失去了方向的大船，随风飘荡，任意东西；一个人失去了真诚的品格，他就会成为一个没有法律、没有规则、没有秩序的人。

2. 诚可格天，诚能感人

若要人不知，除非己莫为。内心无邪事，不怕进庙门。

有些人喜欢用真诚来装饰外表，而内心总在欺骗别人。表里不一的人，虽能取巧于一时，终究难行久远，难成大器。所以古人说：“人可欺，心不可欺。心可欺，天不可欺。”纵然能瞒天过海，只能是“一世可欺，而万世不可欺”。

诚可格天，诚能感人。所以程颐说：“用真诚来感动别人，别人也会用真诚来回报你；用权术来驾驭别人，别人也会用权术来对待你。”这就是说：你用什么方法来对待别人，别人也会用什么方法来对待你。

程颐又说：“人类的错误在于滥用智谋，滥用权术。智谋和权术虽然是好东西，但都是不诚实的表现。”

曾国藩曾经有所感慨地说：“天地之所以运行，国家之所以建立，圣贤之所以高大，都是用诚实来体现的。”

《易经·乾卦》中说：“以忠信来培养品德，以修饰言辞来建立诚信，这是操持自己事业的立足点。”

《中庸》中说：“由为人真诚而自然明白道理，是天性使然。由明白道理而后生出诚心，是教养所致。人真诚，就能明白道理；人能明白道理，就会做到真诚。”

《中庸》又说：“只有天下最诚心的人，也就是生知安行的人，才能最大限度地发展自己的天赋本性。能够充分地发展自己的天赋本性，才能充分发展天下众人的天赋本性。能够充分发展天下众人的天赋本性，才能充分发展世间万物的天赋本性。能够充分发展世间万物的天赋本性，那么就可以帮助天地培育生命。能够帮助天地培育生命，那么他就可以与天地并列为三了。”

《中庸》又说：“比圣人次一等的人，不能自然完全地发展自己的秉性，这类人先从明了道理入手，致力于求得某一善端，然后再渐次去求，也就能做到真诚。内里有了真诚，就会显现在言行举止上。言行举止上有了显现，那么众人就会看见。众人看见，就会逐渐显著。显著了就会发扬光大，发扬光大就能够感动他人之心了。能够感动他人之心，就能够引起他人的转变。能够引起他人的转变，就能化育万物。所以，唯有那天下心最诚的人，才能够达到感化民众的神奇境界。”

《中庸》又说：“至诚的德行是没有一刻止息的。没有止息，那么就能保持长久。能够保持长久，那么自然便会生出效果来。能够生出效果，那么便会越发长远了。能够越发长远，那么便会阔大厚实起来了。能够阔大厚实，那么便能够高大光明起来了。阔大厚实，其作用是用以承载住地上万物的。高大光明，其作用是用以覆盖住地上万物的。长远，其作用是用来成就地上万物的。阔大厚实可以配得上大地，高大光明可以配得上天，这长远的功用是无边无涯的。”

至诚没有停息之时，不可能一劳永逸地解决。对于至诚来说，只要不停息，那么它就会长久，至诚长久了就会有显示，有了显示就更显出它的由来已久。越是由来已久越能够显出它的广博深厚，越是广博深厚就越显出它的高大光明。

所以好人做善事，积几十年而不变，那么我们就可以说他是悠远而道德广博深厚了，我们就可以说他的形象高大光明了。累积到博厚就可以承载事物，达到高明就可以照亮许多人的心。日积之功不废，所以能够成就事物。

只有这样坚持“至诚”之道，平平常常、踏踏实实、不事张扬地去做，那么他的广博深厚就会像大地那样，他的高大光明就会像青天一样。如果悠远而永不停息的话，那就可以自己不显示而彰明，自己不活动而变化，自己不作为而成就了。其实是平时在平平常常、踏踏实实、不事张扬地做，而它能够达到的境界，无疑是天地的造化啊。所以，《中庸》里面这个“至诚”是非常要紧的。

古今中外历史上，圣贤君子都以诚为贵，因诚而成，关键的还是《中庸》所言：“只有天下最诚心的人，才能够规划天下的常道，才能够确立天下的根本，才能够明晓天地的变化与万物的生育之道。”

3. 巧作不如拙诚

疾风知劲草，板荡识诚臣。

诚信不是一种手段，而是一种人生态度。真诚的本质是真心。如果体会到诚实的本质，真心地去为别人着想，这时候唯一需要把持的标准，是对自己诚实。

《宋史·蔡元定传》中说：“独自行走无愧于影子，独自入眠无愧于被子。”

荀子有“内不自我贬低，外不自我欺骗”的训示，佛家有“不妄语”的告诫。

《中庸》中说：“最易于被别人发现的，莫过于隐藏的事物；最容易被人发觉而显现的，莫过于幽微的事物。”因为那幽微隐蔽的事物在心中潜伏着，外面虽然可以不被人发现，但是自己是瞒不了骗不过自己的。

所以《中庸》中又说：“诚恳笃实，是天生的道理；而通过努力使得人归于诚恳笃实，是个人的修行。天生诚恳笃实的人不必勉强就能做到；不必用心去思考，就能得到。他不慌不忙地去做，自然会与大道相契合，能达到这一境界的，是圣人。”

又说：“要通过努力方能使自己归于诚恳笃实的人，就是用心去寻求那上好的善并紧紧抓住这上好的善不放的人。”舍弃不诚而显示诚，舍弃不善而显示善，这是古代圣人超凡入圣的不二法门。

《说苑》中说：“巧诈不如拙诚”，巧妙的假话入人的智慧里，怎么能战胜得了天理？所以胡林翼说：“诚信的最好道理，能够挽救人走出欺诈的极端。一个人能欺骗一件事，不能欺骗所有的事；能欺骗一人，不能欺骗所有的人；能欺骗一时，却不能欺骗万代。”说得多么透彻！

曾国藩曾经说：“勤能医治懒惰，慎能医治骄傲。在这两个字的前面，必须有个诚来立足根本。立志要把这事懂得透彻，辨得明白，专心诚意去做，就是坚如磐石的难事也能做到，鬼神也会避让，这就在于自己的诚意了。除尽自己的私心，对待什么事都能推心置腹，让人们都明白无疑，这是待人接物的诚实。以诚字为根本，以勤字为实用，大概可以免除罪过吧。”

真诚于己的人，是天道，是圣人；真诚于人的人，是人道，是凡夫。真诚作为人性的第一美德，扩而充之，当然可以与天地并列为三了。

▶ 相信的力量

与人相处的时候，
能感受他人的难处，是关怀；
能体谅他人的不易，是宽厚；
能饶恕他人的错误，是大度。

人，无法尽善尽美；

事，无法一帆风顺。

换位思考，麻烦会减少很多，

将心比心，感情也会更加深厚。

保持心中的光，

没人不知道，

谁会借着这光走出黑暗。

> 有限人生，舍弃无限负累。

六　知足：生活不易，且行且珍惜

短视频曾经爆火的一段话，既有道理，又真实得令人惆怅：

世人慌慌张张，不过图碎银几两，偏偏这碎银几两，能解世间惆怅。

这碎银几两，可让父母晚年安康，呵护幼子成长入得学堂。

但这碎银几两，也断了儿时念想，让少年染上沧桑，压弯了脊梁，让世人愁断肠。

偏是这碎银几两，可转念一想，百年阳寿殆尽，难逃黄土里躺。

因为欲念太深而蒙受重大损失的，大有人在。庄子说：“嗜欲深者，其天机浅。”食、色，都是贪欲，此外的一切金钱物质享用，也是贪欲。

天机是智慧，是灵性，以庄子的看法，一个人如果欲望多，他就缺少智慧与灵性。

1. 控制欲望，知足知止

得之我幸，失之我命。知足知不足，有为有不为。

什么是知足？词典上解释说：“知足：满足于已经得到的生活、

愿望。”如果每个人都能满足于已经得到的东西，则社会安定，天下太平，这个道理是显而易见的。

可是社会上总会有一些人不安分守己，这样的人容易栽大跟头。欲望的口子，如果不能有效控制，就会如洪水猛兽般，将人吞噬，让人迷失自己，失去自我，这对于大多数人来说，都是一种悲剧。

青年作家当年明月依靠自己撰写的《明朝那些事儿》从 2006 年开始仅三年时间就拿到数千万元的版税，多次登上中国作家富豪榜。

当年明月曾接受记者访谈讲述爆红后的感受，他这样描述：“在我看来，很多人过高地看待自己。原因就在于，他平时听了太多吹捧他的话，因为他有着某方面的资源，有很多人尊敬，媒体铺天盖地吹捧他。这样，他就会当真，就会认为那上面那个人就是他自己，他的水平和他的技巧和他的能力没有任何变化，但他却错误地认为自己有了很多变化。他错误地认为自己就是像别人所说的那样，他的一举一动都是正确的，他的每一个判断都是正确的，他的每一个想法都是正确的。就是因为长期生活在这种环境里，更重要的是不会有人在他面前说他不对。这个问题的严重性在哪？不在于说他会飘起来，而在于说如果他飘起来，总有一天要落地的。”

记者接话说：“会摔死的。”

当年明月说：“对，会摔死。”

《小窗幽记》中说：“身居高官享受厚禄的人，在权势头上要保持几分山林雅趣，来缓和淡泊一下过分热衷名利的激进思想。”老子说：“始终保持丰盈的状态，不若停止它；不停地磨砺锋芒，欲使之尖锐，却难保其锋永久锐利；满屋的金银珠玉，很难永恒地守护住它，人富贵了就会产生骄奢淫逸的心理，反而容易犯错误。

功成名遂则应隐退，此乃天理。”它提醒人们功成名就、官位显赫后，人事会停滞，人心会倦怠，业绩也不会进展，此时应立即辞去高位，退而赋闲，即“退一步海阔天空”。

人活着要明白，欲望可以有，但要学会清心寡欲，懂得知足。不能让欲望控制了自己，而要自己去控制欲望。多一点知足，少一点欲望，就会多一分快乐，少一点烦恼。

有诗说：“心安茅屋稳，性定菜根香。世事静中见，人情淡此长。”在这个大千世界上，人类如同沧海一粟，应当随时随地参照自己所处的环境、时代以及各种客观、主观的条件，随时知足，随时知止。不然就会危乎险哉，白白增加许多的苦闷与烦恼。

庄子说：“鷦鷯巢林，仅图一枝；鼹鼠饮河，仅图饱腹。”老子说：“能了解、认识别人叫作智慧，能认识、了解自己才算聪明。能战胜他人是有力量，能克制自己的弱点才算刚强，知道满足的人才是富有的人。”

老子又说：“声名和生命相比哪一样更为亲切？生命和获利相比哪一样更为贵重？获取和丢失相比哪一个更为有害？过分地贪爱名利就必定要付出更多的代价；过于敛积财富，必定招致更为惨重的损失。所以说，知道满足，就不会受到屈辱；知道适可而止，就不会遇见危险；这样才可以保持长久的平安。最大的祸害是不知足，最大的过失是贪得的欲望。知道到什么地步就该满足的人，永远是满足的人。”

2. 拥有一颗平常心

天不能总晴，人不能常壮。布衣饭菜，可乐终身。

顺风顺水的时候，不要得意忘形，不要忘了自己身边都是烈焰焚身，要有警惧之心。身处逆境的时候，要坦坦荡荡，所谓宠辱不惊，得失都可以看淡。自己不堕落，谁又能打败你呢？

《周书》说："成功之下，不可久处。"车尔尼雪夫斯基说："当金钱站起来说话时，所有的真理都保持了沉默；当权力站起来说话时，连金钱也要退避三舍。"最重要的，是拥有一颗平常心。拥有一颗平常心，才能淡然面对金钱和权势，坦然面对成功和失败，悠然享受生活赐予的美好。

《史记》记载：范蠡辅佐越王勾践灭掉吴国，官封上将军。作为一名具有远见卓识的战略家和对人生社会具有深刻洞察力的思想家，凭借他多年从政的经验，他深深懂得功高震主的道理。范蠡认为自己名声太显赫，不可以在越国久留，何况他也深知勾践的为人是可以共患难，而难以同安乐，于是，毅然决定激流勇退。

范蠡给勾践写了一封辞职信，信中说："我听说主上心忧，臣子就该劳累分忧；主上受侮辱，臣子就该死难。从前，君主在会稽受侮辱，我之所以没有死，是为了报仇雪耻。现已报仇雪耻，我请求追究使君王受会稽之辱的罪过。"

越王对范蠡恋恋不舍，他流着泪说："你一走，叫我倚重谁？你若留下，我将与你共分越国，否则，你将身败名裂，妻子被戮。"范蠡对宦海沉浮洞若观火。他一语双关地说："君行其法，我行其意。"

范蠡不辞而别，驾一叶扁舟，入三江，泛五湖，跳出是非之地，秘密来到齐国。此时，他想到了有知遇之恩，且风雨同舟20余年的文种。他给文种作书一封，写道："凡物盛极而衰，只有明智者了解进退存亡之道，而不超过应有的限度。俗话说，飞鸟尽，良弓藏；狡兔死，走狗烹。越王为人，长颈鸟喙，鹰眼狼步，可以共患难，不可以共安乐，先生何不速速出走？"

文种接到范蠡的信，恍然大悟，便自称有病不再上朝理政，但为时已晚。不久，勾践借口文种企图谋反，赐其自裁，一代谋臣含冤而死。

人往高处走，水往低处流。人人都渴求高官厚禄，幸福荣华，又有几人能像张良、范蠡那样不恋红尘，见好就收。

“功成身退”说起来容易做起来难。如商鞅就是因为在紧要关头不能做到激流勇退，触犯了原来是他强有力的靠山的秦孝公，晚年遭到五马分尸的极刑，使一世荣华顿时化为乌有，死后仍骂声不绝。

《战国策》记载：商鞅变法取得成功之后，“孝公疾起，传位商君，商辞而不受”。这是孝公生前故意传位，以试他心，可见商鞅在志得意满时即见疑于主子。这时他本应主动“功成身退”隐遁避险。另有赵良引用“以德者荣，求力者威”之典故力劝商鞅隐退，可商鞅在“退”字上欠火候，不以为然固执己见。

最终，秦孝公将商鞅架空，政敌也伺机报复，当孝公一去世，曾经反对他主持变法的顽固派们在新王即位后，纷纷策谋陷害他。新王终以谋反罪对商鞅处以极刑。

商鞅之所以惨遭毒手，是他只知进不知退，故而引起众怒，下场凄惨。

至于隐退与否，因人而异，最后理想的结局，当属“功成身退”“告老还乡”能保平安，此乃“天之道”。历代用人者也都倾向于录用“知退者”，因喜退者识廉知耻，忠心弥坚，极少生事。

凡在进退上处理不当者，都会使一生功绩毁于一旦，身败名裂，遗恨永年。

3. 好东西不要一个人独吞

人们通常把幸福定义成有：有房、有车、有钱、有权，其实真正的幸福是无：无忧、无虑、无病、无灾。有，多半是做给别人看的；无，才是自己的。

一个人的事业、功绩发展到顶峰时，应该知道怎样去妥善对待，正确处理。即使不激流勇退，也要避祸有方。

功高震主者身危，名满天下者不赏，这可以从历史上历代君主多半都杀戮开国功臣看出。因此，伟大的政绩和赫赫的战功，一定会遭受他人的嫉妒和猜疑而惹来灾祸，只有功成身退的人善于明哲保身才能防患于未然。

所以，一个人不论拥有如何完美的名誉、节操和遇到任何好事，不要一个人独自享受，要分一些给别人，否则轻的会招致他人忌恨，重的会惹来杀身之祸。

可是，不论遇到怎样的耻辱行为和名声却不可完全推诿给别人，一定要勇敢地面对现实，承担一部分。尽管有些表面上有点不光彩，却能显示出他的光明磊落的胸襟。只有具备这些德行的人，才能算一个完美而又清高的人。

刘邦初定天下，封萧何为宰相，一时之间，有不少人都登门向他道贺，唯有一个叫召平的人提醒萧何："你的灾祸可能会从此发生。现在皇上离开京城，率兵打仗去了，增封你为宰相，掌管护卫兵，一方面是为了讨好你，另一方面也是为了警戒你。如果你现在辞退增封，献出自己的财产做军费，皇上一定会很高兴，也会减少心中的疑虑。"

萧何仔细一想，认为有理。于是，他照着召平的建议去做，把自己的子弟送到军中随刘邦作战，又把自家的资财捐输前方做军费，高祖果然高兴。

黥布叛变的时候，高祖带兵亲自去讨伐。留在后方的萧何则全力抚慰百姓，巩固民心。

有人见萧何这样投入，勤勤恳恳，非常担心，就劝他说：“相国小心一家人遭杀身之祸啊！自从你入关十多年来，收揽民心，人们打心眼里敬重你，陛下知道你是众望所归，所以常常派人打听你的动向，唯恐你忘恩负义背叛他。你如果想保全家人的性命，从今天开始就要破坏形象，把声望压下来，才能让陛下安心。”

萧何细一思量，认为说得有理，便昧着良心，没收百姓土地，扰民、乱民，使百姓怨声载道，萧何的威信当然也下降了。

更妙的是，萧何故意在小事情上斤斤计较，贪图小利，使刘邦看他胸无大志而放心。然而刘邦哪里知道，这是萧何采用了避灾自保的策略。

王翦被秦始皇封为大将，统帅兵马六十万，继李信、蒙恬之后，再次兵讨楚国。秦始皇亲自送他到灞上，王翦临行前请求赐给他极多的良田屋宅，始皇说：“将军已出兵，何必忧愁贫穷呢？”王翦说：“当大王的部将，即使有功亦不能封侯，故趁大王现在信任我的时候，臣要及时求赐园地以作为子孙的产业。”始皇大笑。

王翦的军队到了关口后，又五度派使者回朝廷请求赐给良田。有人说：“将军的请求，太过分了吧！”王翦说：“这话不对。秦王粗暴又不信任人，如今倾尽全国武装士兵，全数交付我，我不多请田宅作为子孙基业以稳固自家，反要让秦王怀疑我吗？”这就是王翦自保的策略。

4. 后退就是有利，停止就是得到

好花不常开，好景不常在。

孔子说：“知道要止于至善，然后才能志有定向；志有定向，然后才能心不妄动；心不妄动，然后才能安于目前的处境；安于目前的处境，然后才能虑事精详；虑事精详，然后才能达到至善的境

界。天下万事万物都有根本和枝末，有终结和开始。能够明了万事万物本末始终的道理，皆接近于明了大学之道了。”一个人最大的智慧，在于懂得后退就是有利，停止就是得到的道理。

庄子在濮水边钓鱼，楚王派来两位大夫去向他致意，说：“楚王想有劳先生掌管国家大事。”

庄子手握钓竿，头也不回地说：“我听说楚国有一神龟，死了已经有三千年了，楚王将它守在竹器里面，用毛巾包裹好，珍藏在宗庙里。这只神龟，是情愿死后保留着骨头被人尊重呢，还是情愿活着在泥水里拖着尾巴爬呢？”

两位大臣说：“宁愿拖着尾巴在泥水里面爬。”

庄子说：“那你们走吧！我是情愿拖着尾巴生活在泥水里的那种人啊。”庄子这是知道停止，而后能免于灾祸的道理。

黄石公说：“没有什么比真诚更能达到神通的境界了，没有谁比能体察万物更明达的。人生没有比知足更吉利的了，人生没有比多欲更痛苦的了。”

《日知录》中说：“一个知足的人，上天不能让他贫穷；一个无求的人，上天不能让他卑贱；一个会保养的人，上天不能让他生病；一个不贪生的人，上天不能让他死亡；一个随遇而安的人，上天不能围困他；一个爱惜人才的人，上天不能孤立他。”古人说的这些话，是多么的睿智啊。

弘一法师说：“人生最忌讳的就是圆满。有的人婚姻不好，但是子女很好；有的人婚姻很好，但他的身体可能不太好。人生最好的状态，就是求缺不求满。福不享尽，让三分给他人；义不占尽，留三分给他人。人生无常，要学会知足，知足者，贫贱亦乐；不知足者，富贵亦忧。”

人生几十年，别把自己活得那么累，平平常常，也挺好。当一个人用心去感受生活，就能从平常之中体会到美好。

也许，一时的辉煌，令人向往；一时的低谷，让人惆怅，可是生活终究还是要归于平淡，只有拥有一颗平常心，才能处高处不傲，处低谷不卑。

5. 适可而止，及时止损

有上坡必有下坡，有进路必有出路。有花的地方必有刺，有蜜的地方必有蜂。

李沆在《题六和塔》一诗中说："经从塔下几春秋，每恨无因到上头；今日始知高处险，不如归去卧林丘。"

一个人能体会到"高处的危险"，自然能居安思危。溢满思退，就能知足知止，淡泊藏用。知足知止，就能不骄不矜，无得无失。

俗话说："创业难，守业更难。"历代之中，有多少人功败垂成。稍有成功，事业稍大时，便自满得意，骄矜无忌，贪得无厌，树敌无数，惰怠荒废，随心所欲，不知谨守不失的道理。要想谨守不失，全在于知足知止。

知足知止，就知道创业的艰难，就能战战兢兢，诚惶诚恐，如临深渊，如履薄冰。所以庄子借北海之神的口气说："懂得道的人，一定能通达事理；通达事理的人，一定明了而随机应变；明了而随机应变的人，不会受到外物的伤害。道德崇高的人，火不能烧他，水不能淹他，寒暑不能损伤他，禽兽不能伤害他。这不是说人有意不触犯有害之物，而是说明察安危，对祸福的来临冷静对待，谨慎进退，所以无法加害他。因此说，不要用人事毁灭天然，不要用世事毁灭天命，不要因考虑得失而为功名做出牺牲。牢记这些道理，就达到了返归真性的境界。"

一个人物质上的欲望越少，精神上拥有的自由越多。如果我们把一切的物欲、名位等得失放开、看破，使自己安于淡泊俭素不求闻达的生活，心情自然就安静了。

人非圣贤，有时难免会做错一些事，走错一些路。每当发现错误时，停下来，就是最好的选择。

错的路，一直走下去，结果一定不会有多美好，倘若能够停下来，冷静思考，然后换一条路走，说不定会柳暗花明，遇见意想不到的风景。

知足知止，不是放弃，不是认输，更不是认怂，而是认清了现状，明白了自己，敢于正视自己的问题，敢于否定以前的自己，重新找一条路，更好地前行。

有一种顶级的智慧，叫及时止损。当断不断，反受其乱。有些人，爱错了人，结果一错再错，最后伤害了自己，委屈了自己，更为难了自己。其实，每当发现爱错了人，就不应该再继续下去了。

可是，有些人就是这样，不到黄河心不死，到了黄河，心还不死，这样的结果，不是遍体鳞伤，就是粉身碎骨。

这个时候，要相信，避免跌入深渊的最好办法，是远离深渊。遇到危险灾祸，及时抽身才是一种大智慧。

不管做什么事，都要适可而止，只有这样，你才能更好地去面对以后的生活，还有以后的人生。

▶ 相信的力量

人与人之间最大的区别，
看问题角度不同，
所看到的事物各不相同。
世间来去一场空，
何必执念太深。